读客

读客三个圈经典文库

经典就读三个圈　导读解读样样全

The Time Machine

时间机器

[英] 威尔斯　著
（1866—1946）
刘勇军　译

H.G. Wells

读客三个圈经典文库

经典就读三个圈　导读解读样样全

海南出版社

·海口·

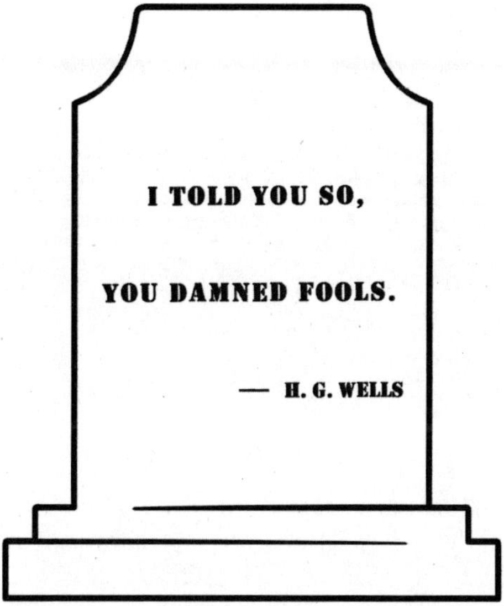

威尔斯曾说，他希望自己的墓志铭上这样写：

“I told you so, you damned fools.”

（我早告诉过你们了，蠢货。）

在学生时代，我常听人谈起可能存在第四维空间。……当时的保守看法是，进化是朝着对人类有利的方向进行，会令人类的生活越来越美好，我的想法却恰恰相反。

——H. G. 威尔斯

目　录

第一章

时间旅行者（这样称呼他比较方便）正向我们详细解释一个非常深奥的问题。他那双灰色的眼睛闪烁着光芒，平日里苍白的脸色不见了，此刻，他满面红光，显得神采奕奕。炉火烧得正旺，煤气灯散发的柔和光亮投射到百合花图案的银质餐具上，在灯光的笼罩下，我们酒杯里的气泡恣意流动，闪闪发亮。我们所坐的椅子是他的专利发明，与其说是我们坐在椅子上，不如说是椅子在拥抱、爱抚我们。晚餐后气氛极为惬意，在这样一个时刻，人的思绪自由驰骋，不会刻意较真。他一边比画着修长的食指以示强调，一边为我们讲解着。我们慵懒地坐在那里，很钦佩他在这个崭新的悖论（我们是这样认为的）

上表现出来的认真态度和丰富想象力。

“你们都给我听好喽，我会驳斥一两个目前几乎公认的观点。比如，学校里教的几何学就是建立在错误的概念上。”

“要我们从这里听起，未免也太笼统了吧？”菲尔比说，他留着一头红色头发，动不动就和人争论。

“我可没有让你们接受任何无稽之谈的意思。无论我需要你们认同什么，等会儿你们都将接受。数学上所谓的线，如果宽度为零，那这条线其实并不存在，这个你们总该知道吧。他们是这么教的，对吧？数学上的平面同样不存在。这二者仅是抽象的概念。”

“确实如此。”心理学家说。

“只有长宽高的立方体也不是真实存在的。”

“我不同意。”菲尔比说，“固体肯定是存在的。所有真实的物体……”

“大多数人都是这么想的。但不要急着下结论。瞬时立方体存在吗？”

“不明白你的意思。”菲尔比道。

“存续时间为零的立方体，是否真实存在呢？”

菲尔比沉思起来。“显而易见，”时间旅行者继续说，“任何真实存在的物体都必须向四个方向延伸，即长度、宽度、高度以及存续时间。但是，由于人类天生存在缺陷，所以我们往往会忽略这一事实。至于人类的这个缺点，容我稍后再解释。一共有四个维度，我们把其中三个称为三维空间，而第四个就是时间。然而，人们经常认为前三维和最后一个维度之间存在差别，因为从出生到死亡，我们的意识都是断断续续地沿着时间维度朝一个方向运动，但其实这个差别是子虚乌有的。”

“你说的……”一个年轻人一边说，一边哆哆嗦嗦地借着煤气灯火焰重新点燃雪茄，“你说的话……的确很有道理。”

“人们普遍忽视了这一点，这也太不可思议了。”时间旅行者接着说，这会儿，他的兴致更浓了，“事实上这就是第四维度的含义，尽管有些人在说到第四维度时，并不理解它的意思。这只是看待时间的另一种方式。时间和三维空间的任何一维都没有区别，唯一的差别在于，我们的意识是沿时间运动的。可有些人太愚蠢了，错误地理解了这个概念。想必你们都听过他们对第四维度的见解吧？”

“我没有。”省长说。

“是这样的。按照数学家的话说，空间有三维，即长、宽、高，它们始终通过互成直角的三个平面表现出来。但一些哲人总会问为什么是三维，为什么没有另一维度与其他三维成直角？他们还试图建立四维几何。一个月前，西蒙·纽科姆教授就曾向纽约数学协会说明过这一问题。你们都知道如何在一个只有二维的平面上描绘出三维立体图形，同样，他们认为通过三维模型能表现出四维物体，只要掌握透视画法即可。明白吗？”

“我想是的。”省长嘟囔着说。他双眉紧蹙，陷入了沉思，他的嘴唇动来动去，像是在重复着什么不为人知的话。“是的，我想我现在明白了。”过了一会儿，他这样说，脸上的神情突然亮堂起来，转瞬间便消失了。

“好吧，不妨告诉各位，我研究这种四维几何已经有段时间了。我得出的某些结论相当奇怪。就拿这幅肖像画来说吧，这是八岁时的画像，还有十五岁、十七岁、二十三岁和别的年龄段的。他这个人是个四维存在，而所有这些显然都是他生命中的不同阶段，也就是他的三维表现，并且是固定不变的。”

“有科学头脑的人……”时间旅行者顿了顿，让众人吸收消化他的话，然后他继续说，“……都很清楚时间只是空间的一种。各位请看，这是一张现在流行的科学图表，记录的是天气。我指的这条线显示了气压的变化。昨天在这个高度，晚上降了下来，今天早上又升了起来，一点点地升到了这里。水银柱确定没有在公认的空间维度上显示这条线吧？但水银柱确实显示了这样一条线，因此，我们可以得出这样一个结论，即那条线是沿着时间维度延伸的。”

“可是，”医生张口道，他牢牢注视着炉火中的煤炭，“如果时间真是空间的第四维度，那为什么向来都被认为是另类呢？我们为什么不可以像在空间其他维度里自如移动那样，在时间里自由活动呢？”

时间旅行者笑了：“你确定我们可以在空间里自由活动？我们可以左右移动，自由地前进后退，人类历来如此。我承认我们在二维空间中是自由运动的。但上下呢？引力限制了我们的动作。”

“那倒未必。”医生说，“气球就是很好的说明。”

“但在气球出现之前，人类也就能跳一跳，或者随着地势起伏，可没法儿随意进行垂直运动。”

“然而，人还是可以做一些上下运动的。”医生道。

“向下比向上容易得多。”

“而且，人不能在时间里进退，永远都处在当下。”

“我亲爱的先生，你错就错在这里了。全世界在这一点上都是错的。我们总是远离当下。我们的精神存在是无形的，没有维度，只会以匀速沿着时间维度前进，从摇篮一直走到坟墓里。这就好比我们的生命从距离地球表面五十英里的高空起始，然后一路下坠。”

“但最大的困难是，在空间里，你可以向各个方向移动，却不能在时间里移动。”心理学家插话道。

“我的伟大发现便是由此开始一点点形成的。不过，你说我们不能在时间里移动，这就不对了。举个例子吧，如果我非常清晰地回忆一件事，就会回到那件事发生的时候：就像你说的，我整个人都进入了恍惚的状态。在那一刻，我回到了过去。当然，我们不可能在过去停留，就像野人或动物无法在离地面六英尺的空中生活一样。但在这方面，文明人做得比野蛮人好。文明人可以不顾地球引力，乘气球上升，他最终在时间维度里停止或者加速移动，甚至转身往反方向移动，也不是奢望吧？”

“你这么说就有点……”菲尔比说。

“为什么不行呢？”时间旅行者说。

“你这么说不合情理。”菲尔比说。

“什么是合情理？”时间旅行者说。

“你可以凭你的三寸不烂之舌把黑的说成白的，”菲尔比说，“但你永远也说服不了我。”

“也许吧。”时间旅行者说，“但你现在总算开始了解我研究四维几何的目的了。很久以前，我就有个模糊的概念，想利用一架机器来……”

“穿越时空！”年轻人叫道。

“那架机器可以任意向空间和时间的任何方向移动，全凭驾驶员决定。”

菲尔比大笑几声。

“但我的结论是经过实验验证的。”时间旅行者说。

“你这可是为历史学家提供了方便。”心理学家说，“比如说吧，他们大可以回到过去，核实一下人们普遍相信的关于黑斯廷斯战役[1]的说法到底对不对！”

“你不觉得这太引人注目了吗？”医生说，“我们的祖先可受不了时代的颠倒错乱。”

“这下我们可以直接向荷马和柏拉图学希腊语了。”年轻人是这么想的。

“那你肯定通不过预备考试。德国学者对希腊语做了很多改进。”

“那就到未来去。”年轻人说，“想想看吧！一个人可以把自己所有的钱都投进去，慢慢积攒利息，然后到未来去花！”

“还可以去发现一个严格建立在共产主义基础上的社会。”我说。

“你们说得也太疯狂、太不切实际了！”心理学家道。

1 1066年10月14日，英格兰国王哈罗德·葛温森的军队和诺曼底公爵威廉一世的军队在黑斯廷斯进行交战，以威廉一世获胜告终。——编者注（若无特别说明，本书中注释均为编者注）

“是的，在我看来也是这样的，所以我一直没说起这件事，直到……”

“直到你进行了实验验证！”我喊道，“你现在要验证一下吗？”

“实验！”菲尔比叫道，他已经有些晕头转向了。

“那就展示一下你的实验吧。”心理学家道，“虽然你那些东西都是骗人的。”

时间旅行者冲我们微微一笑。然后，他带着淡淡的笑容，把两只手深深插在裤袋里，缓缓地走出了房间，我们听到他穿过长走廊向实验室走去，他的拖鞋嗒嗒直响。

心理学家看着我们：“不知道他会给我们看什么。”

“不外就是这样那样的花招。”医生道。菲尔比要给我们讲他在伯斯勒姆见过的一个魔术师怎样表演魔术，但他才说了几句，时间旅行者就回来了，菲尔比的奇闻异事也就说不下去了。

时间旅行者拿着一个闪闪发光的金属框架，那东西与座钟差不多大小，做工十分精细，里面镶有象牙和一些透明的晶体。现在我必须把事情交代清楚，因为除非我们相信他的解释，否则，接下来的一切都太不可思议了。房间里随意摆放着几张小八角桌，他拿起其中一张放在火炉前，把两条桌腿压在火炉口前的毯上。他把那个机械装置搁在桌上。然后，他拉过一把椅子坐下。桌上还有一盏带灯罩的小灯，明亮的灯光照在模型上。此外屋里还点着十二三根蜡烛，两支插在壁炉架上的铜烛台里，几支插在壁式烛台上，房间里十分明亮。我坐在离火堆最近的一张矮扶手椅上，我向前拉了拉椅子，处在时间旅行者和壁炉之间。菲尔比坐在他身后，视线越过他的肩膀往前看。医生和省长从右边看着他，心理学家则在左边。年轻人站在心理学家的后面。我们都聚精会神。在我看来，在这种情况下，任何一种戏法，无论构思多么巧妙，耍得多么熟练，都绝不可能骗过我们。

时间旅行者看了看我们，又看了看机器。

“怎么了？”心理学家说。

“这个小东西只是个模型。”时间旅行者说，他把胳膊肘搭在桌上，双手合十盖在器械上方，“我的计划是让机器穿越时间。你们肯定注意到这东西有点歪，看这个小棒，样子很怪，还一闪一闪的，好像不是真的。”他用一根手指指着那个部件，“还有，这里是一根白色的小控制杆，那边还有一根。”

医生从椅子上站起来，仔细看了看那东西。“做得很漂亮。”他说。

“我花了两年。”时间旅行者道。然后，等我们都效仿医生的动作后，他说：“现在我想让你们明白，只要按压这根控制杆，机器就将进入未来，而另一根控制杆的作用则刚好相反。这个鞍座代表时间旅行者的座位。现在我要按压这根操纵杆，届时机器就将启动。它会消失，进入未来。趁现在好好看看这个东西吧。也瞧瞧这张桌子，确定我没用障眼法。我可不想浪费了这个模型，别人还说我是江湖骗子。”

有那么一会儿，大家都没说话。心理学家似乎有话跟我说，但最终还是一言未发。然后，时间旅行者把一根手指伸向控制杆。“算了。”他突然说，“还是借用你们的手吧。”他转向心理学家，握住他的一只手，让他伸出食指。因此，是心理学家亲手把时间机器模型送上了无尽的旅程。我们都看着控制杆转动。我绝对肯定这里没有任何玄机。一阵微风吹过，灯火闪了闪。壁炉架上的一根蜡烛熄灭了，那台小机器突然旋转起来，变得模糊不清，有那么一瞬间它就像个幽灵，又很像一团闪烁着微光的黄铜和象牙色混合的旋涡；然后，机器消失了，真的不见了！除了灯以外，桌上空无一物。

一时间，大家都没吭声。然后，菲尔比骂了句“该死”。

心理学家终于回过神来，突然朝桌下看去。见状，时间旅行者高兴地大笑起来。“怎么了？”他重复心理学家刚才的话。说完，他站起来，走到壁炉架边拿下烟丝盒，背对着我们开始往烟斗里装烟丝。

我们一众人你看看我我看看你。“各位听我说，”医生道，“你是认真的吗？你真相信那台机器穿越了时空？”

“这是当然。”时间旅行者说，俯身把一块木头碎片在火里点燃。然后，他转过身，点着烟斗，注视着心理学家的脸。（心理学家为了证明他没有精神错乱，拿出一根雪茄，却连切也没切就点燃了。）“我还有一架大机器，就快完工了。”他指指实验室，“等组装好了，我将亲自来一次时间旅行。”

“你的意思是，那台小机器进入未来了？”菲尔比说。

“可能去了未来，也可能回到了过去，我也说不好。”

过了一会儿，一个念头忽然出现在心理学家的脑海中。

“如果它真的穿越时间了，那必定是回到了过去。”他道。

“这话怎么讲？”时间旅行者问。

“因为我认为它没有发生空间移动，如果它进入未来，那在当下，它仍然会在原地，因为它必定是穿越当下而进入未来的。”

“可是，”我说，“如果它回到过去，那我们最早走进这个房间的时候，就能看见它才对呀；比如上周四我们在这里的时候，或是上上周四，上上上周四！”

“说得很有道理。”省长说，他转身面对时间旅行者，看起来十分公正。

“根本是无稽之谈。”时间旅行者说，然后，他对心理学家说，“你想想看。你可以解释的。非常简单，没有比这更简单的了。”

“当然。”心理学家说，然后开始解释，以打消我们的疑虑，“这是心理学的一个简单观点。我早该想到的，一点儿也不难，却能很好地帮助我们理解这个悖论。我们看不见这台机器，就像我们在车轮转动时看不见辐条，也看不见子弹在空中飞过。如果机器穿越时间的速度比我们快五十倍或一百倍，如果它穿越一分钟相当于我们度过一秒钟，那它在我们眼中的样子也就是正常情况下的五十分之一或一百分之一，可以说是一闪而过。就这么简单。”他的手拂过机器刚才所在的位置，“各位明白了吗？”他笑着说。

我们都坐下，盯着空荡荡的桌子看了一会儿。然后，时间旅行者询问我们的看法。

“今晚，这件事倒是貌似可信。”医生说，“但还是等到明天再说吧。明天一早我们再来判断。”

“各位想不想看真正的时间机器？”时间旅行者问。说完，他便拿起灯，带头沿着通风良好的长走廊往实验室走去。我还清楚地记得那时光线忽明忽暗，他那古怪的大脑袋模糊不清，影子来回晃动，我们都一头雾水地跟在他身后。我还清楚地记得，在实验室里，我们看见了一架比我们亲眼见到从我们眼前消失的那个小装置更大的机器。那台机器由镍、象牙和水晶制成，大体上已经完工，但长凳上有几张图纸，边上还有几根扭曲的水晶条没有做完。我拿起一根仔细查看，材质似乎是石英。

“听着。”医生说，“你是认真的吗？或者你就是在耍鬼把戏，就像你去年圣诞节给我们看的那个幽灵一样？”

“我打算用那台机器去探索时间。”时间旅行者高举着灯说，“明白了吗？我这辈子从来没有这么认真过。”

我们谁也不知道该如何理解他说的话。

我的视线越过医生的肩膀，看了菲尔比一眼，他严肃地向我眨了眨眼。

第二章

我想在那个时候我们都不信那台时间机器。事实是，时间旅行者就是那种过于聪明、叫人无法相信的人：你永远都无法看清楚他心里在想什么；你总是怀疑他的坦率背后是否有所保留，是否悄悄设下了巧妙的埋伏。如果是菲尔比展示模型，并用时间旅行者的话解释这件事，我们就不会那么怀疑他了。因为我们应该猜得出菲尔比的动机：就连肉贩子都能看穿菲尔比的心思。但是，时间旅行者所做的事可不止奇思妙想这么简单，而且，我们并不信任他。有些事，不如他聪明的人做起来就能成名，他做就成了骗人的戏法。事情做起来太容易反而是种过错。一些严肃认真的人倒是没将他做的事当儿戏，只是对他的行为举止不太有把握：他们都清楚，相信他，就像用蛋壳一样薄的瓷器来装饰托儿所一样。所以，从这周四到下周四的这段时间，我想我们都没有过多地谈起时间旅行这事儿，尽管毫无疑问，我们心里大都认为时间旅行确实有一定的可能性，这件事貌似可信，还非常惊人。我们都知道，如果这是真的，那一定会导致时空倒错，把这个世界搅成一锅粥。我则一直在琢磨模型中藏了什么猫腻。我记得上周五在林奈学会遇到医生，还和他讨论了一番。他说他在蒂宾根大学城见过类似的事，还特别强调关键就在蜡烛熄灭了。但他无法解释这个把戏是如何做到的。

到了下周四，我又去了里士满3号，我大概是时间旅行者家的常客了。我去得晚了，发现他的客厅里已经坐了四五个人。医生站在壁炉前，一手拿着一张纸，一手拿着表。我环顾四周，寻找时间旅行者的身影。“七点半了。”医生说，“我看我们还是先吃饭吧？”

“谁看到……”我正要说出主人家的名字。

“你刚来吗？说来也够奇怪的，他有事耽搁了。他留了张字条，说是如果他不回来，就让我安排大家七点吃晚饭。他说他回来后和大家解释。”

“白白浪费了晚餐，那就太遗憾了。”一家著名日报的编辑说，于是医生按铃吩咐下人备餐。

除了我和医生，参加过上次晚宴的人只有心理学家。在座的还有前文提到的编辑兼记者布兰科，另一个人我不认识，此人不善言谈，是个闷葫芦，有些害羞，留着大胡子，而且，就我观察，这个人一晚上都没说话。大家围坐在餐桌边，纷纷猜测时间旅行者为什么缺席，我半开玩笑地说他是去时间旅行了。编辑打听什么是时间旅行，心理学家便主动一五一十地讲了那天我们看到的“巧妙的悖论和花招”。他正讲着，走廊的门无声无息地缓缓打开了。我的座位正对门，所以是第一个看到的。“你好！”我说，“你终于回来了！”门开得更大了，时间旅行者出现在我们面前。我发出一声惊叫。“天哪！伙计，你这是怎么了？”医生叫道，他是第二个看到他的人。整桌人都转向门口。

他整个人乱七八糟的。他的外套很脏，沾满了土，袖子上蹭的都是绿色的污渍；他的头发乱成一团，在我看来，他的头发变得愈发灰白，不是蒙了灰尘，就是他的白发多了。他脸色惨白；他的下巴有一个棕色的伤口，大半已经愈合；他的样子非常憔悴，好像经历了极度的痛苦。他在门口犹豫了一会儿，好像灯光照得他晕头转向。然后他走进了房间。他走起路来一瘸一拐的，活像是伤了脚的流浪汉。我们默默地注视着他，等他开口。

他一句话也没说，只是忍痛走到桌边，指了指酒。编辑倒了一杯香槟，推向他。他喝光了酒，像是缓了过来；他环视了一下桌子，脸上浮现出了熟悉的微笑。“你到底干什么去了，伙计？”医生说。时间旅行者似乎没听见。“不打搅各位用餐吧。”他说，说话时有些支吾，“我很好。”他不再说话，又举起酒杯要酒，然后一口把酒喝光。“很好。”他说。他的眼睛变得明亮起来，两颊泛起淡淡的红晕。他的目光带着某种迟钝的赞许，一一扫过我们的脸，然后在温暖舒适的房间里转了一圈。接下来，他再次开口，仍然像是在斟酌字句：“我去梳洗一下，换身衣服，然后我就下来向各位解释……给我留点羊肉吧。我真想吃点肉。”

他看了看难得来一趟的编辑，希望他在这里不要见外。编辑问了一个问题。“马上为你解答。”时间旅行者说，“我这副样子……实在是有失体统，我很快就回来。”

他放下酒杯，朝楼梯门走去。我又一次注意到他走起路来一瘸一拐的，脚步声很轻，我站在我的位置，只见他的脚上只有一双血迹斑斑的破袜子。他走出去后，门关了。我很想跟上他，可我随即想起他不喜欢为自己的事而大惊小怪。我胡思乱想了一会儿。然后，我听到编辑说了句“一位杰出科学家的卓越行为”，他出于职业习惯，又在想新闻标题了。我的注意力就这样被拉回了明亮的餐桌上。

“他又在搞什么玄机？”记者说，“他是在假扮乞丐吗？我实在不明白。”我与心理学家对视一眼，从他的表情可知他和我想的一样。我想起时间旅行者痛苦地一瘸一拐地上楼。我想其他人都没注意到他的脚有些跛。

第一个从意外中完全调整过来的是医生，时间旅行者不喜欢让仆人在他用餐时守在一边，医生便拉了铃，叫他们上热菜来。编辑咕哝一声，拿起刀叉继续吃饭，闷葫芦也吃了起来。大家继续用晚餐。谈话时而高涨，伴随着几声惊呼；编辑的好奇心变得强烈起来。“我们的朋友是收入太少，所以私下里去扫大街赚外快了？还是他和尼布甲尼撒王[1]一样，不得不和野兽生活在一起？”他问道。“我敢肯定，这事和时间机器有关。”我说，又把心理学家刚才没讲完的事讲完。新来的客人压根儿就不相信。编辑提出异议：“什么是时间旅行？一个人总不能在悖论里滚得一身泥吧？”然后，他想到了什么，便讽刺起来，“难道未来都没有衣刷吗？”记者也是不肯相信，他和编辑一起，对整件事大大地嘲笑了一番。他们都是新一代的记者，年轻、无忧无虑，也很无礼。“据《未来》的特派记者报道……”记者正说着——更确切地说是在大喊大叫，时间旅行者回来了。他穿着普通的晚礼服，除了憔悴的面容，一点儿也看不出他刚才那副叫我吃惊的模样。

“对啦。”编辑滑稽地说，“他们几个说你去过下周了！快说说罗斯伯里伯爵[2]的事有什么结果。你都看到什么消息了？”

时间旅行者一言不发地走到给他预留的座位边。他如常

1 《但以理书》中记载，尼布甲尼撒王被上帝赶逐，离开人群，和野兽同住，像野兽一样生活了七年。

2 第五代罗斯伯里伯爵，阿奇博尔德·菲利普·普里姆罗斯（1847—1929），英国自由党政治家，曾任英国首相。

地轻声笑了笑。“我的羊肉呢？”他道，“能再次用叉子叉肉吃，真是一大乐事啊！”

“还是赶紧说事吧！”编辑道。

“去他的故事吧！”时间旅行者说，“我就想吃东西。我得先吃饱了，不然我一个字也不会说。谢谢。来点盐。”

“我只问你一个问题。”我道，“你去时间旅行了？”

“是的。”时间旅行者道，他的嘴里塞满了食物，只能点点头。

“只要你把消息给我，我可以出钱跟你买，每行字一先令。”编辑说。时间旅行者把他的杯子推向闷葫芦，用指甲敲了敲杯身；闷葫芦一直盯着他的脸，此时吓了一跳，赶紧给他倒了酒。接下来大家都吃得很不自在。我一下子有很多问题想问，却不能问出口，我敢说其他人也是如此。记者想缓解紧张的气氛，便讲起了大明星赫蒂·波特的逸事。时间旅行者一口接一口地吃饭，活像个饿死鬼。医生抽了一支香烟，眯眼瞧着时间旅行者。闷葫芦似乎比平时更笨手笨脚，他极度紧张，只好不停地大口喝香槟。最后，时间旅行者终于推开盘子，看了看我们。“我先向各位道歉。”他说，“我饿极了。我度过了一段非常不可思议的时光。”他伸手去拿雪茄，切断末端，“我们去吸烟室吧。我的故事要讲上很久，还是不要挨着油腻的盘子为好。”他走出几步便拉了铃，然后带领众人走进隔壁。

“你给布兰科、达什和肖兹讲过时间机器的事了吗？”他靠在安乐椅上问我，说出了三位新客人的名字。

“但那只是个悖论。”编辑道。

“今天我不会做任何争论。我不介意将整件事告诉你们，但我不会争辩的。”他继续说，“如果你们愿意，我会把我遇到的事讲出来，但你们不可以打断我。我愿意说出来。我很想说一说。大多数内容听来肯定就像无稽之谈。那就顺其自然吧！我说的每一个字都是真的。四点钟的时候，我在实验室里，从那之后……我过了八天……从来没有人经历过那样的时间！我累坏了，但我首先要把故事讲完，然后再上床睡觉。不要打断我。可以吗？”

“可以。”编辑说，我们其余人纷纷附和。就这样，时间旅行者讲了我下面记录的故事。一开始，他团坐在椅子上讲，样子十分疲惫。但说着说着，他来了兴致。在把故事写下来的过程中，我越来越感觉自己才能有限，使用笔墨无法将整个故事淋漓尽致地展现出来。想必各位在看的时候很用心；但你们看不到在小灯的明亮光晕下，讲述者那张真诚却惨白的面孔，也听不到他的语气。你也不知道他的表情如何随着故事的变化而变化！吸烟室里没点蜡烛，我们大多数听众都在阴影中，只有记者的脸和闷葫芦自膝盖以下的腿处在灯光下。一开始，我们不时还瞅彼此几眼。过了一段时间，我们便不再这么做了，全都目不转睛地盯着时间旅行者的脸。

第三章

“上周四，我给在座当中的几位讲过时间机器的原理，也带你们看了实验室里的半成品。时间机器还在那里，这次我穿越时间，机器出现了一些损坏，一根象牙手柄裂了，一根黄铜栏杆有些弯曲，但其余部分依然完好。我原以为周五就能把机器制造完毕，但到了周五，快要组装完成的时候，我发现镍棒整整短了一英寸，我只好重新做；所以直到今天上午，时间机器才组装完毕。今天上午十点，第一台时间机器终于问世了。我最后敲了一下机器，又试了所有螺丝，还往石英石棒上滴了一滴油，然后，我坐在鞍座上。我很好奇接下来会发生什么，照我估计，用手枪指着脑袋自杀的人与我当时的感觉差不多。

我一手握着启动杆，另一只手抓着止动杆，按压了第一个，随即按压了另一个。我当时只觉得天旋地转，感觉像是在做噩梦，不停地向下坠；然后，我环顾四周，看到实验室和以前一模一样。奏效了吗？有那么一瞬间，我怀疑是我的脑袋出了问题。然后，我注意到了时钟。就在片刻之前，时钟显示的还是十点刚过，可现在已经快三点半了！

“我深吸了一口气，咬紧牙关，用双手抓住启动杆，砰的一声响，我拉动了启动杆。实验室变得模糊不清，随后陷入一片漆黑。瓦切特太太走了进来，显然没看见我，而是朝花园门走去。我想她大概花了一分钟穿过实验室，但对我来说，她就像火箭一样飞过房间。我把操纵杆拉到底。夜幕降临，就像关上了灯一样，又过了一会儿，天竟然亮了。可实验室的光线又开始越发暗淡。第二天晚上的黑夜到来，然后天色再次变亮，就这样日夜交替，速度越来越快。我的耳边一直有一种轻微连续的声音，一种怪异的慌乱感将我包围，我只感觉十分恼火。

“恐怕我无法确切描述清楚时间旅行的种种特殊感受，总之很不愉快。感觉就像走在‘之’字形坡路上，毫无退路，只能一条路走到黑！我还以为自己最后会摔个粉身碎骨。我加快速度，白天过去，黑夜就像拍打着黑色的翅膀，紧跟着就来临了。模模糊糊的实验室似乎马上就要从我周围消失了，我看见太阳飞快地划过天空，每一分钟就从天空划过一次，每一分钟都标志着一天的变化。后来，实验室八成是不存在了，我开始身处户外。我隐约看到了脚手架，但我的速度太快了，看不清任何移动的东西。对我来说，即便是爬得最慢的蜗牛在我看来也是在飞驰。黑暗与光明快速更迭，我看得眼睛都痛了。在断断续续的黑暗中，我看见月亮飞快地经历盈亏变化，我隐约地瞥见了盘旋的星星。不久，随着我的速度不断加快，日夜的交替模糊成一种连续的灰色；天空呈现出一种奇妙深邃的蓝色，那灿烂明亮的颜色就像黎明时分的晨晖；空中跳动的太阳犹如一道起火的纹路，又好似一道绚烂的拱门；月亮像是一条相对较暗的波动带；我没看见星星，只是蓝色的天空中不时出现一个明亮的圆圈。

“我周遭的一切全都模模糊糊。我还站在这座房子现在所在的山坡上，山肩灰蒙蒙的，看不清楚。我看见树木生长、变化，犹如一团团蒸汽，时而是棕色的，时而泛出绿色；它们枝繁叶茂，随风摆动，然后枝叶凋零。我隐约看见一座座高大、美丽的建筑拔地而起，随即又像梦一般消失不见了。整个地球表面似乎都变了，就在我眼前融化、流动。显示速度的刻度盘上的小指针转得越来越快。不久，我注意到太阳的光带在一分钟或更短的时间内上下摆动，从夏至到冬至，所以我的一分钟就是一年，一分钟又一分钟，白雪在世界上出现、消失，接着，春天那抹明媚的绿色转瞬即逝。

“开始时那种不快的感觉现在减弱了。我终于体验到了一种歇斯底里的兴奋。我确实注意到机器在不协调地晃动，也说不清是怎么回事。但我的大脑乱糟糟的，心思不在机器上，疯狂的情绪在我心里越来越强烈，我的整个身心都到了未来。起初，我几乎没想过停下来，满脑子想的都是那些全新的感觉。但没过多久，我的脑海里浮现出一连串新的印象，既有好奇也有恐惧，直到最后，它们完全占据了我的心。我密切注视着这个模糊而难以捉摸的世界在我眼前飞快地变化，在我看来，人类的发展是多么奇怪，进步是多么奇妙，相比之下，我们的文明是多么原始！我看到宏伟壮丽的建筑在我周围拔地而起，它们比我们这个时代的任何建筑都要宏大，然而，那些建筑物似乎是由微光和薄雾建造的。我看到这个山坡出现了更深的绿色，即便是在冬季也没有改变。即使我思维混乱，大地在我眼里也显得非常美丽。于是我决定停下来。

“但是停下说不定就会危险，我或机器占据的空间里已经有东西存在了。要是我高速穿越时间，就无关紧要；可以说，我已经虚化了，就像一股蒸汽从物质的空隙中滑过！但要停下来，就需要把我自己全部塞进任何挡在路上的东西里；这意味着把我的原子与障碍物的原子紧密地联系在一起，而这会导致强烈的化学反应，可能是一场影响范围很大的爆炸，将我自己和我的机器炸出所有可能的维度，最终进入一个未知的领域。我在制造这台机器时，一次又一次地想到了这种可能性；但那时我曾欣然接受了这种必然的风险，毕竟有些事情是必须承担的！现在这种风险不可避免，我再也不能以同样愉快的心情来看待了。事实是，环境是那样陌生，机器一直在震颤、晃动，令人作呕，尤其还有那种长时间坠落的感觉，这一切已经在不知不觉地彻底扰乱了我的神经。我对自己说我永远也停不下来了，可一怒之下，我决定立刻停下。我像个没有耐心的傻瓜一样，拉动操纵杆，机器不受控地猝然一晃，我随即飞了出去。

“我听到了一声雷鸣般的响声。我可能昏过去了一会儿。

一阵无情的冰雹噼里啪啦落在我的周围，我坐在软草皮上，时间机器翻倒在我面前。一切似乎仍是灰蒙蒙的，但过了一会儿，我就注意到我耳边的杂声消失了。我环顾四周，我似乎在一个花园里，身下是一块小草坪，周围长满了一丛丛的杜鹃花，我留意到这些淡紫色的花儿都被冰雹砸得七零八落。机器上方有一片云，像烟雾一样在地面上方来回移动，冰雹就是从云里落下来，弹得到处都是。片刻之后，我就成了落汤鸡。‘我可是经过了无数年才来到这里的，这就是你们的待客之道啊！’

“又过了一会儿，我觉得我真是个白痴，竟然淋得浑身湿透。于是我站了起来，向四周看了看。冰雹密集地落下，周遭雾蒙蒙的，杜鹃花丛后面有一个影影绰绰的巨大雕塑，显然是用白色石头雕刻而成。但其他的就看不清楚了。

“我说不清我当时有什么感觉。冰雹小了很多，那个白色雕刻变得清楚了一些。它非常大，一棵银色桦树只能触到它的肩膀。它是用白色大理石雕刻的，形状有点像生有双翼的狮身人面像，但它的翅膀不是竖直地垂在身体两侧，而是展开，好像在翱翔。我觉得基座是用青铜做的，上面有厚厚的一层铜锈。碰巧石像的脸朝向我；它那不能视物的眼睛似乎在注视着我，嘴唇上带着一丝淡淡的微笑。石像风化剥蚀得十分严重，像是得了重病似的，看了叫人不舒服。我站在那里看了一会儿，也许是半分钟，也许是半小时。石像似乎随着冰雹变大变小而前进或后退。最后，我终于把目光从它身上移开了一会儿，我发现冰雹已经停了，天空放晴，太阳眼看着就要出来了。

“我又抬起头望着那蜷缩着的白色石像，突然感到这次旅行确实鲁莽得很。等朦胧的雾气散开，会出现什么情况？这个时代的人是什么样的？如果他们个个都很残忍呢？如果在这段时间里，人类已经失去了人性，变得冷酷无情，极其强大呢？那我就跟旧世界里的野蛮生物一样了，但由于我与未来人有相似之处，只会显得更可怕、更令人厌恶，到时候，我就是一个又脏又臭的生物，只剩下死路一条了。

“这时，我看到了别的庞然大物，那些都是高耸的建筑物，设有错综复杂的胸墙和高大的立柱，在逐渐减弱的冰雹中，一个树木繁茂的山坡隐约可见。我突然慌了神儿，疯狂地转向时间机器，拼了命地把机器调整好。就在这时，太阳的光线穿透了冰雹。灰蒙蒙的冰雹被吹到一边，像幽灵的拖尾长裙一样消失了。在我的头顶上，夏日的天空湛蓝无比，一朵朵淡淡的乌云飞快地消失了。我周围的高大建筑变得清晰可见，经过了冰雹的冲刷，湿漉漉的建筑闪闪发光，未融化的冰雹勾勒出了它们的轮廓，白得十分显眼。我身处一个陌生的世界，感到自己无遮无掩。我感觉自己就像鸟儿在晴空中飞翔，而且知道鹰在我上方，并将向我俯冲下来一样。我心里的恐惧越发强烈。我喘了口气，咬紧牙关，再次使出浑身力气要把机器翻过来。我绝望地摆弄着，机器终于听使唤了，我扶正机器的时候，下巴狠狠地撞到了机器上。我把一只手搭在鞍座上，另一只手搭在杠杆上，站在那里喘着粗气，准备再坐上去。

“但是，想到我可以立即撤退，我便再次有了勇气。我看着这个未来世界，更加好奇，也不再那么恐惧了。离我较近的一所房子的墙壁高处有一个圆洞，我看见一群人穿着华丽柔软的长袍。他们早就看见了我，这会儿，正齐刷刷地往我这边看。

“然后，我听到有说话声越来越近。有人跑过白色狮身人面像旁的灌木丛，可以看到他们的头和肩膀。其中一个出现在一条小路上，沿路就能到我和机器所在的小草坪。这个人个子很矮，高约四英尺[1]，穿着一件紫色束腰外衣，腰间系着皮带。他穿着凉鞋，但也很像古代的高筒系带凉鞋，我分不清是哪一种；膝盖以下的腿部裸露在外，头也露在外面。见到他这身打扮后，我才发现天气十分暖和。

“在我的印象中，他长得很好看，举止优雅，但看上去极为瘦弱。他的脸很红，让我想起了长得很美的肺病患者，他有种我们常常听说的病态美。一见到他，我突然恢复了信心，便把手从机器上拿开了。”

1　1英尺≈30厘米。

第四章

“很快，我和这个瘦弱的未来人就面对面站着了。他径直走到我面前，注视着我的眼睛，笑个不停。叫我惊讶的是，他没有表现出任何害怕的样子。然后他转向那两个跟在他后面的人，和他们说了什么，他说的语言很奇怪，但婉转清脆，十分好听。

“又走过来几个人，不一会儿，有八到十个这样美丽的生物围在我身边。其中一个还和我说了话。奇怪的是，我忽然想到我的声音对他们来说太刺耳，也太深沉了。于是我摇了摇头，指着我的耳朵，又摇了摇头。他向前走了一步，犹豫片刻，但还是碰了碰我的手。然后，我感到其他人用柔软的小手摸我的背和肩膀。他们想确认我是真的。他们并不危险。的确，这些可爱的小人儿能激发别人的自信，他们身上有种优雅的温柔，还有种孩子气的轻松。而且，他们看起来是那么弱小，我甚至可以想象自己把他们全部抛出去，就像是扔九柱戏[1]中的木柱。但当我看到他们伸出粉红色的小手去摸时间机器时，我突然一动，警告他们不要那么做。幸运的是，在还来得及的时候，我想起了一个我到目前为止都忘记了的危险，于是我连忙把手伸过栏杆，拧下可以启动机器的小杠杆，放进口袋。然后我又转过头来，想看看怎么才能和他们交流。

“然后，我更仔细地观察他们的容貌，发现他们那德勒斯登陶瓷式的美貌还有很多特点。他们的头发均匀地卷曲着，末梢在脖子和脸颊处以尖端收尾；他们的脸上没有汗毛，耳朵特别细小。他们的嘴很小，薄嘴唇鲜红鲜红的，小下巴很尖。他们的大眼睛流露出温和的眼神；而且，可能是我太自负了，反正即使在那时，我也认为他们对我不像我以为的那么感兴趣。

“他们并没有试图与我交流，只是站在我周围微笑着，互

1 3—4世纪起源于德国，被认为是现代保龄球运动的前身。

相柔声说着什么，我只好开口。我指着我自己和时间机器。然后，我琢磨着该如何表达时间，便指着太阳。一个未来人顺着我的手势看去，他长得很漂亮，穿着紫色和白色相间的格子衣服。他竟然模仿了雷鸣声，把我吓了一跳。

“他这个动作的含义清晰明了，但有那么一会儿，我还是惊诧不已。我突然想到一个问题：这些生物是傻瓜吗？你们或许不难理解我为什么惊讶。你们知道吗，我一直都以为802000年的人类在知识、艺术等所有方面都比我们强得多。他们中的一个竟突然问我是不是在雷雨中从太阳里来的，由此可见他们的智力水平和我们的五岁孩子差不多！如此一来，我对他们的衣服、孱弱的四肢和脆弱的五官所持的判断便轰然崩塌。一阵失望从我心底升起。有那么一会儿，我觉得我制造时间机器，纯属白费工夫。

“我指着太阳点了点头，惟妙惟肖地发出一声雷声，吓了他们一大跳。他们都退了一步，还冲我鞠躬。这时，一个人笑着朝我走过来，他把一束我从没见过的漂亮鲜花戴在我的脖子上。看到他这么做，其他小人儿发出了悦耳的掌声；不久，他们全都跑去找花了，笑着把花扔到我身上，到最后，我几乎要被花淹没了。你们没见过那些花，所以根本想象不出漫长的时间竟创造出了如此精致奇妙的花朵。跟着，有人建议把他们的玩物放在最近的一幢房子里，于是他们带着我从白色大理石狮身人面像边经过，而那座石像似乎一直在含笑注视着早已目瞪口呆的我。我们朝一座受风雨侵蚀非常严重的巨大灰石建筑走去。我和他们一起走，我又一次想起我确信我们的后代会具有深刻的思想和高度的文明，想着想着便高兴起来。

“这座建筑十分庞大，有一个很大的入口。我注意到小人儿越来越多，我面前还有很多大门，里面阴暗神秘。我的视线越过他们的头顶看出去，我对这个世界的总体印象是一堆乱糟糟的漂亮灌木和鲜花，像是被废弃了一样，犹如一个长期无人打理却不生杂草的花园。我看到了一些又长又尖的奇怪白花，大概有一英尺长，花瓣像是蜡做的。这些花零落地长在杂色的灌木丛中，仿佛是野生的，但是，正如我所说，我此时并没有仔细观察花朵。时间机器还在杜鹃花丛中的草皮上呢。

“门口的拱顶上带有华丽的雕刻，但我自然没有仔细研究，不过我在经过时好像看到了一些古老的腓尼基人装饰的痕迹，我很惊讶雕刻破损得如此严重，而且风化得很厉害。又有几个穿着鲜艳的人在门口迎接我，我们走了进去。我穿着19世纪的脏衣服，样子怪里怪气，还戴着花环，而周围的众人都穿着鲜艳柔软的长袍，四肢白到发亮，他们说着笑着，笑声十分悦耳。

“门内是一个同样大的大厅，挂着棕色的窗帘。屋顶处在阴影中，部分窗户上镶着彩色玻璃，部分没有玻璃，柔和的光线自窗户透过来。地板由非常坚硬的大块白色金属拼接而成，不是石板或石块，而且磨损得很厉害，过去有无数代人在上面来回走动，常有人走动的部分都被踩出了深沟。横向放着无数张亮晶晶的石板桌，大概有一英尺高，上面有成堆的水果。有些像是肥大的覆盆子和橘子，但大部分都很奇怪。

“桌子之间散落着许多垫子。带我来的小人儿坐在垫子上，还示意我也坐下。也没有进行什么仪式，他们就开始用手拿水果吃了起来，把果皮和茎秆扔到桌子两边的圆洞里。我又渴又饿，便和他们一样开始大嚼。我趁吃东西的当儿环视大厅。

“也许最让我印象深刻的便是这里是如此破旧。彩色玻璃窗呈现出几何图形，但许多地方都破了，挂在底部的窗帘上积满了灰尘。我注意到，我旁边那张大理石桌子的一角上有豁口。然而，总体效果确实极其美轮美奂。大厅里有几百人在吃饭，大多数人都坐在离我尽可能近的地方，他们一边吃水果，一边饶有兴趣地看着我，小眼睛闪闪发亮。所有人都穿着同样柔软而又结实的丝绸衣服。

“顺便说一句，他们以水果为食。这些未来人是完完全全的素食主义者，尽管我真爱吃肉，我和他们在一起的时候，却也不得不吃水果。的确，后来我发现马、牛、羊、狗都追随鱼龙的脚步相继灭绝了。但是水果清甜爽口；有一种水果尤为好吃，我在那里期间，这种果子似乎一直都属于时令水果，那种水果的果壳是三面的，果肉软糯，我把它当成主食。起初这些奇怪的水果和我看到的奇怪花朵都把我搞迷糊了，但后来我开始明白它们存在的意义。

“这就是我在遥远的将来吃水果大餐时的情形了。我刚一填饱肚子，就下定决心学习我这些新朋友的语言。很明显这是接下来必须做的事。谈论水果似乎是个不错的开始，于是我拿起一颗果子，边问边打手势。我实在很难表达清楚我的意思。一开始，尽管我非常努力，但他们还是惊讶地瞪着我，忍不住笑出声来了，但不久，一个金发小人儿似乎领会了我的意图，向我重复着一个名字。他们详细地向彼此解释这件事，而且，我第一次尝试模仿他们那优美的语言，逗得他们十分开心。然而，我觉得自己像个被孩子围住的老师，不久，我至少掌握了几十个名词；然后我学了指示代词，甚至是动词‘吃’。但我学起来很慢，小人儿很快就累了，想摆脱我的不停追问，所以我决定让他们什么时候愿意教我，就教一点点，而这么做是很有必要的。很快，我就发现我学到的东西很少，我从没遇见过比他们更懒惰、更容易疲劳的人。

“不久后，我发现了一件怪事，那就是我的小个子主人对我不感兴趣。他们像孩子一样，急急忙忙地惊叫着向我走来，但很快也像孩子一样，不再仔细观察我，去找别的玩具了。晚餐结束了，也不再有人像开始时那样和我说话，我第一次注意到，最初总是围着我转的人几乎都不见了。还有件事也很奇怪，我竟这么快也对这些小人儿失去了兴趣。我吃饱喝足，就穿过大门走进阳光灿烂的世界。我不断地遇到更多的未来人，他们跟着我走几步，边笑边谈论我，友好地做着手势，然后就会走开，只剩下我和我的机器。

“我从大厅里出来，整个世界都笼罩在黄昏的宁静中，温暖的落日余晖照亮了大地。起初，这里的一切都叫我晕头转向。这个世界和我所熟悉的世界截然不同，甚至连花儿也不一样。我离开的那座大楼位于一条宽阔河谷的斜坡上，但泰晤士河也许已经从现在的位置偏离了一英里。我决定爬上一英里半之外一座山的山顶，那样我就能更清楚地看到802701年的地球是什么样子。我应该解释一下，这是时间机器的小表盘显示的日期。

“这个世界既荒芜又壮观，我一边走，一边注意着有哪些东西可以解释其中的原因。这个世界就如同一片废墟。我一直往山上走，这座山就是一大堆花岗岩堆叠在一起的，使用大量的铝固定，犹如一个由险峻的崖壁和碎石组成的巨大迷宫，山上长着一丛丛浓密的植物，十分美丽，形似宝塔，可能是荨麻，但植物的叶子是棕色的，而且没有刺。这显然是某栋庞大建筑的遗留物，而我无法确定这栋建筑为何建造。我注定以后将在这里有一番奇遇，这是第一次有迹象显示我将有更加奇怪的发现。不过至于是什么奇遇，我以后再说。

“我正在一个平台上休息，一个念头忽然出现在我的脑海里，我连忙环顾四周，意识到根本没见到任何小房子。很明显，独栋房屋甚至是家庭都消失了。绿树丛中到处都是宫殿似的建筑，但颇具英国特色的房屋和村舍不见了。

“‘这是实现共产主义了。’我对自己说。

“紧接着我又想到了一件事。我看了看跟着我的六个小人儿。我突然意识到所有人都穿着同样的服装，有着同样柔和光滑的面孔，四肢都如少女般圆润。说来也怪，我以前怎么没注意到这一点。但一切对我来说都是那么奇怪。现在，我清清楚楚地看到了事实。他们穿着同样的衣服，我们现在有性别之分，男女举止也有所不同，但在这个方面，这些未来人彼此间都别无二致。在我看来，孩子们不过是他们父母的缩影。于是我断定，那个时代的孩子们至少在生理上是极为早熟的，后来我发现我的观点得到了充分的证实。

“看到这些人过得如此安逸，生活得顺风顺水，我觉得男女相似是一种完美的方式；男人充满阳刚之力，女人温柔似水，家庭制度的建立，职业的区别，都仅仅是在一个崇尚体力的时代所必需的。在人口平衡和过剩的地方，生育太多的孩子对国家来说没有任何好处，反而会带来很多问题；一个地方没有暴力，孩子们沐浴在安全感中，高效率的家庭就没有那么大的存在必要了，事实上，是压根儿就没存在的必要，所以也就不必在意孩子们是男是女。甚至在我们这个时代，这样的情况也是初见端倪，而在未来的这个时代则已经发展成熟。我必须提醒你们，这是我当时的猜测。后来，我才意识到这与现实之间的差别有多大。

“当我在思考这些事情的时候，一栋漂亮的小建筑吸引了我的注意，那个建筑物就像一个圆屋顶下面的一口井。我想着这个时代仍然有水井实在非常奇怪，但我没有太在意，便继续沉思。靠近山顶的地方没有大型建筑物，而且我的步行能力显然比他们强很多，所以不久后我就第一次甩掉了其他人。我带着一种奇怪的自由和冒险的感觉，上了山顶。

“在那里，我发现了一把我从未见过的黄色金属座椅，有些地方已经腐蚀，覆盖着粉红色的锈迹，有一半覆盖着柔软的苔藓，扶手做成了狮鹫头的形状。我坐在上面，在这漫长一天的夕阳下，我欣赏着旧世界的无边美景。这是我见过的最美的景色。太阳已经落到了地平线下，西边的天空金灿灿的，似乎是在燃烧，与紫色和深红色的地平线相连。下面是泰晤士河的山谷，河水恰似一根锃亮的钢带。我刚才说过，斑驳的绿色植物中分布着雄伟的宫殿，有些成了废墟，有些仍在使用中。在如荒芜花园一般的地上，不时出现一个白色或银色的身影，还可以看到有些地方有垂直的线条，那是带有圆屋顶的深井。没有篱笆，没有彰显所有权的标志牌，没有农业；整个地球变成了一个花园。

“各位注意，我接下来要开始解释我看到的东西了，我说的都是我在那天夜里形成的印象。（后来我发现我只得到了一半的真相，或者说，我只看到了真相的一角。）

“在我看来，我碰巧遇到了已经进入衰退期的人类。淡红色的夕阳使我想起了人类也好像这夕阳一般。我第一次意识到我们目前的社会努力所带来的奇怪后果。然而，现在想想，会出现这种结果，也在情理当中。有需要才有力量；若是生活安逸太平，人就会变得弱不禁风。为改善生活条件而做的努力——真正使生活越来越安逸的文明进程——已稳步进入高潮。人类联合起来接连战胜了自然。有些事在现在看来仅能算个梦，在未来却已经成为现实。而我所看到的便是成果！

“毕竟，今天的公共卫生和农业仍处于初级阶段。我们这个时代的科学只攻克了一小部分的人类疾病，但即便如此，我们的科学仍在非常稳定和持续地发展。我们的农业和园艺只是到处消灭杂草，培育出了几十种有益健康的植物，但更多的植物仍然是自生自灭。我们通过选择性育种逐渐使我们喜爱的植物和动物得到改良，但这样的动植物太少了；有更好的新型桃子，无核葡萄，更香更大的花朵，更方便饲养的牲畜品种。我们逐渐完善动植物，因为我们的理想是模糊的，只能试探摸索，而且我们的知识是非常有限的；因为在我们笨拙的手中，大自然也是害羞和迟钝的。总有一天，所有这一切都会变得更加组织有序，而且会更好。涡流也阻挡不了洪流。全世界都将变得智慧无双、教养良好，并且讲求通力合作；我们将越来越快地征服自然。最后，我们将明智而谨慎地调整动物和植物的平衡，以适应我们人类的需要。

“在我看来，这种调整一定已经完成，并且完成得十分出色；在我的机器跃过的时间里，确实一直都是这样的。没有叮人小虫到处乱飞，大地上没有杂草和真菌；到处都是水果和芳香可爱的花朵；鲜艳的蝴蝶飞来飞去。疾病预防医学的理想已然实现。疾病已被消灭。在我逗留期间，我没有看到任何传染病的迹象。我以后还会讲到，甚至腐烂的过程都受到这些变化的深刻影响。

“社会成功也受到了影响。我看见人们住在富丽堂皇的房屋里，穿着华美的衣服，但我发现他们从来不干活儿。没有斗争的迹象，既没有社会斗争，也没有经济斗争。商店、广告、交通，以及构成我们这个世界主体的一切商业活动都不存在了。在那个金色的傍晚，我欣然接受了人间天堂这个概念。我猜想，人口增长的问题已经解决了，未来的人口不再增加了。

“但是，环境变了，人不可避免地要去适应这种变化。除非生物科学全是一派胡言，否则人类智慧和活力从何而来呢？这个源泉便是艰苦和自由：在这两种条件下，只有积极、坚强和敏感的人才能生存，而弱者只会被淘汰；这些条件促使人们更加重视有能力的人结成的忠诚联盟，更加重视自我约束、耐心和决断力。家庭这一制度及由此产生的情感，比如强烈的嫉妒，对后代的关爱，为人父母的自我牺牲，都在年轻人即将遭遇的危险中找到了正当的理由和支持。那这些迫在眉睫的危险在哪里？有一种感情产生了，并且变得越来越强烈，反对夫妻间的嫉妒，反对过于激烈的母爱，反对各种各样的激情；没有必要存在的东西便消失了，让我们感到不舒服的东西、残酷的生存、与优雅愉快生活不协调的事物，通通不见了。

“我想到了人类身体孱弱，智力不足，还有无数的废墟，这使我更加相信人能完全征服自然。战斗过后终会得到平静。人类曾经是那么强大，他们精力充沛、聪明绝顶，并利用充沛的活力来改变其生存条件。现在，改变后的条件引出了这样的结果。

“在完全舒适和安全的新环境下，旺盛的生命力，以及我们的力量，就会成为我们的弱点。即使在我们这个时代，某些倾向和欲望，虽然曾经是生存所必需的，却也经常是失败的根源。例如，对一个文明人来说，血气之勇和热爱战争并没有多大帮助，甚至可能是障碍。如果一个人身心平衡，身处安全的环境，力量、智力和身体就都没有用武之地了。我认为无数年来一直没有战争或单独暴力事件的危险，没有野兽袭击，没有疾病，就不需要人具有健壮的体格，也不需要进行艰辛的劳动。对于这样的生活，我们所谓的弱者和强者一样装备精良，弱者实际上已经不再是弱者了。他们的确装备得更好，因为强者会因为具有能量却无处发泄而深受折磨。毫无疑问，我所看到的那些精美建筑，是人类在最后宣泄现在看来毫无意义的精力时所创造出来的。后来，人类才与其生存环境实现了完美的和谐，这灿烂辉煌的胜利带来了最终的平和安宁。在安逸的生活中，人类的精力注定会落得这样的结局；精力催生了艺术和色情，然后走向倦怠和衰退。

“在我所去的未来，就连艺术的原动力最终也将烟消云散，几乎消失了。用花朵来装饰自己，跳舞，在阳光下歌唱；艺术精神只剩下了这些，再也没有了。即使是这些最终也会消失，未来人只满足于无为。我们一直热衷于用痛苦和需求的磨刀石历练自己，在我看来，那可恶的磨刀石终于被打碎了！

“我站在渐浓的夜色中，自认为用这个很简单的解释，就解开了世界的难题，掌握了这些可爱小人儿的全部秘密。也许他们在控制人口增长方面太成功了，他们的人数与其说保持不变，不如说是减少了。所以才会有那些被遗弃的废墟。我的解释很简单，也很有道理，大多数错误的理论都是这样的！”

第五章

“当我站在那儿思考人类这种过于完美的胜利时，一轮黄澄澄的满月从东北方升起，洒下一地银辉。后面那些漂亮的小人儿都没跟上来，一只猫头鹰静悄悄地飞掠而过。夜里的阵阵寒意冻得我直打哆嗦，于是，我决定下山找地方睡上一觉。

“我寻找之前待过的那栋大楼，就在这时我又瞧见了那尊青铜底座上的白色狮身人面像。随着月光越发明亮，那尊塑像也变得越发清晰可见，甚至可以看见落在上面的白桦树枝。盘根错节的杜鹃花丛在淡淡的月光下显得黑乎乎的，我还能瞧见那块小小的草地。当我再次看向那块草地时便觉得有些不对劲，整个人像是被泼了一瓢冷水。‘不。’我故作镇定地自我

安慰道，‘不是那块草地。’

“但其实就是那块草坪，就是白色狮身人面像正对的那块草地。你们能想象当我意识到这一点后心里是什么感觉吗？可惜你们不能。时间机器不见了！

“我顿时就像受了当头一棒。我可能再也无法回到我的年代了，只能无助地留在这个陌生的新世界里。这个可怕的念头让我的身体立刻做出了反应，就像被人抓住了喉咙一样，整个人都无法呼吸了。我心慌意乱地往山下跑去，中途还栽了一个跟头，把脸都划伤了。我压根儿没时间为自己止血，直接跳起来继续往前跑，一滴滴温热的鲜血顺着脸颊和下巴往下流。我边跑边跟自己说：‘他们肯定是把时间机器推到旁边的灌木丛里了。’然而我还是在拼命往前跑。我知道这不过是在自欺欺人而已，人在极度恐惧下的预感往往很准，直觉告诉我，那台时间机器已经被搬到其他地方了。我有些喘不过气来，山顶与草坪相隔两英里，我跑过去大约花了十分钟。我没有年轻人的强健体魄，一路上一边跑一边埋怨自己不该愚蠢地把时间机器留在原地，跑得我都喘不过气了。我大声呼喊却没有得到任何回应。这个世界似乎没有一个生物在月光下活动。

“到了草坪上，我最害怕的事情还是发生了。时间机器不见了！我看着灌木丛中那块空空的地方，只觉得头晕目眩、浑身发冷。我怒冲冲地绕着这块地方打转，仿佛时间机器就藏在附近的某个角落里。然后我突然停下脚步，双手抓住自己的头发。狮身人面像高高耸立着，它那张白色的面孔在月光下微微发亮，似乎是在嘲笑惊慌失措的我。

“我本来也想安慰自己是那些小人儿把时间机器藏在了某个地方，可惜我很清楚凭他们的体力和脑力是根本无法做到这一点的。我感觉是某种未知的力量让时间机器消失的，所以我才会这么惊慌。但有一点我非常确定：除非其他某个时代也制造出了时间机器，不然这台机器是不可能被启动的。操纵杆上有阻止旁人随意启动时间机器的装置，对此，我稍后会展示给你们看。时间机器是被人藏起来了。可是它在哪里呢？

“我想我那时都有些精神失常了。我不断地绕着狮身人面像打转，发狂地在灌木丛中里乱冲乱撞。我在朦胧月色下把一只白色的动物当成了一头小鹿，吓了它一跳。我还记得后来夜深了，我就拿拳头不停地击打灌木丛，直到手指被折断的树枝划得皮破血流。后来，我伤心地哭泣着，语无伦次地走进了那栋石头大楼里。空荡荡的大厅里漆黑一片，一点儿声音都没有。我被凹凸不平的地板绊了一跤，摔倒在其中某个石桌上，差点把小腿摔断了。我点燃一根火柴，绕过我之前跟你们提过的满是灰尘的窗帘。

“接着我发现了另一个大厅，里面铺着垫子，有二十几个小人儿正躺在垫子上睡觉。我嘟嘟囔囔，拿着噼啪燃烧的火柴，突然从寂静的黑暗中冒了出来，我相信他们一定会觉得很奇怪。因为火柴早已被他们遗忘。‘我的时间机器哪儿去了？’我像个闹脾气的孩子一样大吼大叫，抓着他们的身子不停摇晃。他们对我的行为感到很不解，某些小人儿笑出了声，但大多数小人儿似乎被吓坏了。看着站在周围的小人儿，我突然意识到自己这种引起他们恐惧的行为有多愚蠢。从他们白天的表现来看，我觉得还是得让他们忘记这种害怕的感觉。

“我猛地从人群中冲了出来，途中还撞倒了其中一个小人儿。我摇摇晃晃地穿过之前的大厅，往外走到月光下。我听到小人儿们发出了惊恐的叫喊声，听到他们磕磕绊绊四处乱跑的脚步声。月亮慢慢爬上了头顶，我已经不记得那时的行为了。意外丢失时间机器后，我整个人都魔怔了。我可能再也无法见到自己的手足同胞了，在这个陌生世界里我就是一个怪物，那一刻我只觉得万念俱灰。我当时肯定是在哭天喊地地来回走动。哪怕熬过了那个绝望的漫漫长夜，我仍然还记得那种可怕的疲惫感。我在根本不可能找到时间机器的地方四处搜寻，在月光下的废墟中到处摸索，还在阴影中碰到了奇怪的生物。最后，我无力地躺在狮身人面像附近的草地上泣不成声，徒留一地悲痛。后来我就睡着了，醒来时天已经亮了，有两三只麻雀在我身旁的草地上蹦来跳去。

“早晨的空气凉爽清新，我坐起身子，试着回想自己是怎么了，为什么会有一股深深的荒凉感和绝望感。接着，我想起了所有的事情。在日光的照耀下，我坦然接受了自己的处境，意识到自己昨夜的荒唐行为有多愚蠢。我终于恢复了理智。最坏的情况是什么？假设这台机器彻底不见了，或许是被销毁了，我会怎么样？那我也应该保持冷静，耐心地处理好和这些小人儿的关系，弄清楚整个事情的来龙去脉，想办法收集材料和工具，也许我最终还能再制造一台时间机器出来。这是我唯一的希望，也许很渺茫，但好歹不算穷途末路。说到底，这是个奇妙美丽的世界。

“不过时间机器可能只是被人拿走了。但即使是这样我也得保持冷静，耐心地把它找出来。不管是靠武力还是用智取，我必须把它拿回来。于是我爬起来看了看四周，想找个地方洗漱一番。我浑身酸痛，又脏又累。呼吸着早晨的清新空气，我也想把自己收拾得干干净净的。我已经把坏情绪都发泄出来了。事实上，平静下来后，我都想不明白为什么自己昨夜会那么激动。我仔细检查了一下小草坪周围，还向路过的小人儿打听时间机器的下落，但那只是白费工夫而已，因为不管我怎么努力，他们都看不懂我的手势：有些小人儿无动于衷，有些小人儿却把我手势当作笑柄来取笑。看着他们那一张张笑嘻嘻的漂亮脸蛋，我真想一巴掌抽过去。这种念头的确很愚蠢，但是恐惧就像魔鬼一样蒙蔽了我的理智，我实在难以抑制住内心的无名之火。这时草皮上的一道沟槽引起了我的注意，我昨天试图将机器翻过来时留下了一些脚印，而那道沟槽就位于狮身人面像的底座和我的脚印中间，旁边还有一些其他的痕迹，那是一些奇怪的小脚印，我一下子就联想到了树懒。于是，我认真研究了一下这个底座，我记得我应该跟你们提过，这是一个青铜底座。这个底座不是由一整块青铜构成的，其每侧都有一块带框架的嵌板。我走过去敲了敲嵌板。底座竟然是空心的。仔细检查后，我发现嵌板和框架不是贴合在一起的。嵌板上没有把手或钥匙孔，如果这是门的话，我猜也是那种只能从里面打开的门。现在我可以确定的是，时间机器一定就在这个底座里。不过它是如何被搬进去的就是另外一个谜了。

“这时，只见开满鲜花的苹果树下，有两个穿着橘色衣服的小人儿正穿过灌木丛朝我走来。我微笑地朝他们招手示意。他们过来后，我指着青铜底座，试图告诉他们我想要把它打开。但当我第一次指向这个底座时，他们的表现非常奇怪。我不知道该怎么跟你们形容他们当时的神情。就好像你对一个优雅女士做了个下流手势后她所流露出的神情。他们像是受到侮辱一样转身离开了。接着我又试着问了问一个身穿白衣的可爱小人儿，结果也完全一样。不知为何，他的态度让我感到羞愧。但是你们也知道，我必须得把时间机器找回来。于是我再次试着表达出自己的意图。当他和那两个小人儿一样转身离开时，我顿时怒不可遏。我三两步就追上了那个小人儿，一把抓住他松垮的衣领，拽着他往狮身人面像走。可是当我看到他脸上那种恐惧、厌恶的神情后，便松手放开了他。

“但我不甘心就此认命。我用拳头猛击铜板。我好像听到里面有东西在动，确切地说，我想我听到了有人在笑，但我一定是弄错了。然后，我从河里捞起一块大卵石，不停地敲打面板，把上面的装饰都砸平了，一块块铜锈扑簌簌向下掉。方圆一英里内，那些纤弱的小人儿一定都听见我在敲打铜板，但他们并没有过来。我看见一群小人儿在斜坡上偷偷地望着我。最后，我又热又累，只好坐下来盯着这个地方。但我坐不住；我这人思想跳脱，不可能长时间守着一个地方。我可以一连数年解决一个问题，但在一个地方待上二十四小时动也不动，我实在做不到。

“过了一会儿，我站起来，穿过灌木丛漫无目的地再次向小山走去。‘耐心点。’我对自己说，‘如果你还想要你的机器，你就得离狮身人面像远点。如果他们就是要抢走你的机器，你捣毁铜板也没好处；如果他们不是这个意思，那到了合适的时候，你就可以把它拿回来。这里的一切都是未知的，如同一个谜展现在我面前，真是叫人绝望，人在这种情况下就会变成偏执狂。要面对这个世界，就要了解这个世界的底细，必须仔细观察，不要轻易做出草率的猜测，这样到最后，你就能找到所有线索。’现在想来，当时的情形多可笑啊：就为了进入未来，那么多年来我不停地研究，辛辛苦苦地工作，结果我却心急火燎地要离开未来。我给自己制造了一个人类所能制造的最复杂绝望的陷阱。我是自作自受，但我还是忍不住这么做。我大声笑了起来。

“我穿过大宫殿，总感觉小人儿好像都在躲着我。这可能是我的错觉，也可能与我敲铜门有关。然而，我还是相当肯定地感到他们在避开我。不过，我很小心地装作对他们视而不见，也不去打搅他们，而且，过了一两天，事情就又回到了老样子。我尽可能学习他们的语言，除此之外，我还四处探索。要么是我漏掉了一些微妙之处，要么是他们的语言过于简单，反正几乎只有具体的名词性实词和动词。抽象的术语少之又少，比喻也很少。他们的句子通常很简单，只有两个词，我只能表达或理解最简单的句式。我决定尽可能忘记我的时间机器和狮身人面像下的神秘青铜门，我得先了解这里，到时候自然能把机器夺回来。然而，我还是不敢走出去太远，只在我登陆那个地方几英里的范围内活动。

“就我所能看到的，整个世界都如同泰晤士河谷一样丰饶和生机勃勃。在每座山上，我都能看到很多材料和风格千差万别的壮丽建筑，还可以看到一片片常青树、开满鲜花的树木和树蕨植物。到处都有水闪烁着点点银光，在远处，地势越来越高，形成了起伏的青山，山峦渐渐地与宁静的天空交融在一起。我立刻注意到了几处像是圆井的特别地方，在我看来，有几口井还很深。其中一口井就在我第一次走过的山路边。和其他几口井一样，这口井的边缘是青铜的，做工很奇怪，顶端有一个用来遮雨的小圆屋顶。我坐在井边，望着黑暗的井眼，我看不见水的反光，而且就算我划亮火柴，也照不到任何能反光的物体。但我从所有井里都听到了砰砰声，就像有一个巨大的引擎在响；借着火柴的光亮，我发现有一股源源不断的气流吹向井下。此外，我还往一个井口里扔了一张纸片，纸非但没有慢慢地飘下去，而是立即被吸了下去，消失得无影无踪。

“过了一会儿，我发现这些井和山坡上随处可见的高塔有关系；因为在它们的上空，经常出现炎热天气里在太阳暴晒的海滩上才能看到的那种闪光。将这些细节拼凑在一起，我得出了一个很有可能的结论，那就是地下设有庞大的通风系统，但我难以想象这个通风系统的真正作用。起初我认为这是小人儿的卫生设施。我这么认为也无可厚非，但很显然我想错了。

“在这里，我必须承认，在我生活在未来的这段时间里，我对下水道、钟、交通工具以及类似的便利设施了解得很少。在我读过的关于乌托邦和未来时代的一些设想中，有大量关于建筑、社会制度等的细节。当一个人想象整个世界时，很容易想出这些细节，然而，像我这样的旅行者身处真正的未来，是完全无法了解这些细节的。想想看吧，一个从中非来的黑人回到他的部落后要怎么讲伦敦的事！他对铁路公司、社会运动、电话电报线、包裹递送公司、邮政汇票之类的事会了解多少？然而，我们至少应该乐意向他解释这些事！甚至对于他所知道的那些事，他又能让他那些未曾来过伦敦的朋友了解或相信多少呢？那么各位想一想，在我们这个时代，黑人和白人之间只有很小的差距，而我和那个黄金时代的小人儿之间可是天差地别！我觉察到了许多看不见的东西，这让我感到很安慰；但我只是对他们自发形成的生活模式有一个笼统的了解，此外我也说不出个所以然了。

“就拿入葬这事来说吧，我既看不到火葬场，也没发现坟墓。但我突然想到，可能墓地或火葬场在我探索的范围之外。

这又是一个我有意问自己的问题，但我对这个问题的好奇心完全被打消了。我不光解不开这个谜题，还有个问题更让我迷惑不解：小人儿中没有老弱病残。

“我必须承认，我虽然对我最初得出的自动文明和衰败人性的理论很满意，但很快我的满意感就消失了。可是我想不出其他的结论。我先说说我遇到的困难吧。我看过的几座大宫殿不过是起居区、大宴会厅和卧房。我找不到任何机器和器具。然而，这些人穿着华服，肯定需要不时做新衣服，他们的凉鞋虽然没有装饰，却是金属机器制造出来的，相当复杂。必定通过机器才能做出那些东西。小人儿没有表现出任何创造力。这里没有商店、没有车间，也不见有人从事进口生意。他们整天就是玩儿，在河里洗澡，以半开玩笑的方式做爱，吃水果和睡觉。我看不出他们是怎么维持生活的。

“现在还是说说时间机器吧，有人把时间机器拖进了白色狮身人面像的空心底座里，我也说不清是什么人干的，更不知道他们为什么这么干。无论如何我都猜不透其中的原委。还有那些没有水的井，闪光的柱子。我实在一头雾水。我有种感觉……该怎么说呢？就好像你发现了一段铭文，有些是很简单的英语句子，另外还有一些你完全不认识的单词，甚至是字母。好吧，在我到那里的第三天，802701年的世界就是这样呈现在我眼前的！

“那天，我交了一个朋友，权且算是朋友吧。说来也巧，我看到一些小人儿在浅水里洗澡，其中一个突然抽筋，往下游漂去。水流很急，但算不上十分湍急，会游泳的人都能应付。眼看着一个虚弱的小家伙哭哭啼啼，快要淹死了，竟然没一个小人儿去救，这么一说，你们就该明白这些生物有多大的缺陷了。见状，我赶紧脱下衣服，从一个接近水面的地方进入水里，一把抓住那个可怜的小东西，把她平安地拖到了岸上。我轻轻地揉了揉她的四肢，她很快就苏醒过来了。我很满意地看到她没事方才离开。我对他们这种生物的评价很低，所以并不指望她会感激我。然而，我错了。

“这事发生在早晨。下午，我逛了一圈回来，遇到了我救的那个小人儿，我相信她是女性。她一看到我就高兴得叫了起来，还给我戴上了一个大花环，显然是专为我准备的。看到她这样，我不禁浮想联翩。要知道，我一直都很孤独。无论如何，我尽力让她知道我很感谢她送我礼物。我们一起坐在一个小石头凉亭里聊天，但主要是对彼此微笑。这个小人儿对我这么友好，就像一个孩子一样。我们互赠鲜花，她还吻了我的手。我也亲了她的手。然后我试着和她交流，发现她叫薇娜，虽然我不知道这个名字是什么意思，但不知怎么的，这个名字似乎很合适她。我们这段奇怪的友谊就是这么开始的，并且只持续了一个星期，至于结局，我过一会儿会告诉你们！

“她就像个孩子一样。她一直都想和我在一起。我去哪里，她就跟去哪里，我再次外出的时候，我真恨不得把她累得筋疲力尽，然后甩掉她，让她在我身后哀怨地大叫。但问题必须解决。我对自己说，我穿越到未来，并不是为了和一个小人儿调情的。然而，当我离开她的时候，她难过极了，临别时她还疯狂地劝告我一番。我想，她对我这么好，真是既让我烦恼，又让我安慰。她真的带给了我很大的慰藉。我认为她只是太幼稚了，才会一直缠着我。后来，我才清楚地意识到我的离开给她带来了多大的痛苦，以及她对我来说有多么重要，可那个时候已经晚了。因为有这个小娃娃喜爱我，以及她用她那软弱无力、徒劳无益的方式关心我，每当我在返回白色狮身人面像附近时，都会有种回家的感觉；而且，我一翻过那座小山，就急切地寻找她那白色和金色相间的小身影。

“我也从她那里了解到这个世界的人们仍然有恐惧。在日光下她无所畏惧，也特别信任我；有一次，我犯起傻来，竟然做了个鬼脸吓唬她，她却只是笑了笑。但她怕黑，害怕阴影，还害怕黑色的东西。对她来说，黑暗是唯一可怕的。她对黑暗有着强烈的恐惧，我开始思考和观察她。我发现这些小人儿天黑后聚集在大房子里，成群结队地睡觉。若是在黑暗中走到他们身边，就能把他们吓得魂不附体。我发现他们在天黑后从不去户外或者独自在室内睡觉。然而，我仍然是个榆木疙瘩，不懂他们为何惧怕黑夜，虽然我知道他们很害怕，也知道薇娜很痛苦，我还是坚持不和他们一起睡觉。

“这使她非常烦恼，但最后她对我那份奇怪的爱占了上风。在我们相识的五个晚上，包括最后一晚，她都是枕着我的胳膊睡的。一说到她，我就要跑题了。在她获救的前一天晚上，天刚一亮，我就醒了过来。我睡得很不踏实，极不愉快地梦见我被淹死了，海葵用柔软的触须划过我的脸。我惊醒过来，好像看到一个灰白色的动物冲出了房间。我想接着睡，但我非常不安，也很不舒服。在那灰暗的时刻，万物才刚刚从黑暗中显现出来，一切都是无色而清晰的，却又是那么不真实。我起来走进大厅，来到宫殿前面的石板上。虽然不情愿，但我还是去看日出。

“月亮正在下落，逐渐暗淡的月光和黎明乍现的苍白光亮掺杂在一起，半明半暗，看起来鬼气森森。灌木丛里黑漆漆的，大地笼罩在忧郁的灰色中，天空没有色彩，毫无生气。我好像看到山上有鬼影。就在我扫视斜坡时，我三次看到了白色的人影。有两次我似乎看见一个白色的动物，那东西像猿猴一样飞快地向山上跑去。有一次在废墟附近，我看见一群这样的动物带着一具黑色的尸体。它们的动作很快。我不知道它们去了哪里。它们似乎消失在了灌木丛中。你们必须明白，此刻的天色仍然昏暗。清晨，寒气逼人，一切都感觉那么不确定，你们或许能了解我的这种感受。我怀疑自己看错了。

“东方的天空越来越明亮，天色亮了起来，整个世界又恢复了鲜艳的色彩，我仔细地审视着眼前的景色。但我没有看到白色人影。看来那些生物只在昏暗的光线里出没。‘它们一定是鬼魂。’我说，‘搞不懂它们是从什么年代开始出现的。’我脑子里突然冒出了格兰特·艾伦提出的一个古怪念头，不禁觉得很好笑。他认为，如果人死后魂魄都留在世上，那鬼就要把这个世界挤爆了。根据这个理论，在大约八十万年后，鬼魂就该多到数不胜数了，所以同时看到四个鬼也就不足为奇了。但这个笑话说说也就罢了，我整个上午都在想那些人，后来我救了薇娜，才忘记了这件事。我隐约觉得它们与我在第一次找时间机器时惊动的白色生物是同一个物种。但薇娜是我的开心果，让我暂时忘却那些不愉快。然而，该来的还是会来，这些生物注定会成为我的心腹大患。

“我想我说过，这个黄金时代的天气比我们现在热得多。我无法解释这其中的原因。可能是太阳更热了，或者地球离太阳更近了。人们通常认为未来太阳的温度会持续降低。但是人们和小达尔文[1]一样，无法参透其中的奥秘，他们忘记了行星最终都将一个一个地回归母星。当这些灾难发生时，太阳将燃烧新能量；可能有某个行星已成为太阳的新燃料。不管原因是什么，事实是太阳比我们想象的要热得多。

“在我到那里的第四天早晨，天很热，我打算去我睡觉

1 指乔治·达尔文（1845—1912），著名生物学家查理·达尔文的第二个儿子。英国天文学家，研究天体演化问题。

和吃饭的大房子附近的巨大废墟，找个地方躲躲太阳，这时候发生了一件怪事：在一堆堆石头之间，我发现了一个狭窄的长廊；末端和两侧的窗户被大量掉下来的石头堵住了。我习惯了外面的明亮，刚一进去，只觉得这里很黑。我摸索着走进去，从明亮到黑暗，我的眼前出现了很多光斑。走着走着，我突然收住脚步，茫然不知所措。竟然有一双眼睛正从黑暗中注视着我，在外面日光的照射下，那双眼还反着光。

“对野兽恐惧这种的古老本能在我身上爆发了。我双手握拳，坚定地注视着那双闪光的眼睛。我不敢转身。我想到小人儿似乎生活在绝对安全的环境中，却十分惧怕黑暗。我努力克服恐惧，向前迈了一步，开口说话。我承认我的声音很刺耳，还有些发颤。我伸出手，摸到了一个柔软的东西。那两只眼睛立刻闪到一旁，紧跟着一个白色东西从我身边跑过。我的心都要从嗓子眼里蹦出来了，我猛地转过身，看到了一个猿猴似的古怪小人儿，它的头以一种怪异的角度低垂着，跑过我身后阳光照耀的空间。它撞上一块花岗石，随即跌跌撞撞地绕到一边，不一会儿便隐没在另一堆废墟下的黑影中。

“我并没有看清那是个什么东西，但我知道那东西是暗白色的，有一双怪异的灰红色大眼睛；它的头上和背上也长着淡黄色的毛。但是，就像我说的，那东西速度太快，我没看清。我甚至说不清它跑的时候是四肢并用，还是只是把前臂放得很低。我只是停顿片刻便跟着它进入了第二个废墟。起初我没看到那东西；但是，过了一段时间，在一片漆黑中，我偶然发现了一个我已经告诉过你们的圆井口，一根倒下的柱子挡住了一半井口。我突然想到了一件事。那东西是不是下井了？我划亮一根火柴，往下看去，我看见一个白色的小东西在动，它有一双明亮的大眼睛，一边向下一边牢牢地看着我。我不由得打了个哆嗦。它就像一只人形蜘蛛！它沿着墙往下爬，现在我才发现井壁上有很多金属架，就和梯子差不多。片刻后，火烧到了我的手指，火柴从我的手中掉下去熄灭了，我又点了一根，那只小怪物已经不见了。

“我不知道我坐在那里往井下看了多久。过了一段时间，我才说服自己，我看到的是人。但是我渐渐地明白了真相：人类进化成了两个不同的物种，地上世界的优雅人类子孙不是我们唯一的后代，从我面前闪过的那些浑身惨白、猥琐可憎的夜间生物也是我们的后代。

“我想到了闪烁的柱子和我的地下通风系统理论。我开始怀疑那些东西的真正用途。我一向都认为这个世界拥有平衡的组织架构，那这些狐猴又充当了什么角色？它们与美丽宁静的地上世界有什么关系？井底藏着什么？我坐在井沿上告诉自己，无论如何都没什么好怕的，我必须下井解决我的问题。可我真不敢去！当我犹豫的时候，地上世界的两个美丽小人儿跑了过来，他们两个在调情，直接从阳光下跑进了阴影里。男的在追那个女的，边跑边向她抛撒鲜花。

“他们看到我把胳膊撑在翻倒的柱子上朝井里看，便露出了痛苦的表情。显然说起这些井触动了他们的痛处；我指着这个井口，用他们的语言提问，他们流露出更明显的苦恼表情，还把头扭到一边。但他们对我的火柴很感兴趣，我就划亮几根逗他们开心。我又问了井的事，但还是毫无结果。我只好走开，准备去找薇娜，看看能从她那里得到什么消息。但我的想法已经有了转变，我的猜测和印象都有了调整。我现在知道了这些井和通风塔的作用，知道了神秘鬼魂到底是什么；至于青铜门的作用和时间机器的命运，我也有了新的认知！新世界的经济问题一直困扰着我，我这时也隐隐约约想明白了。

“现在我来说说我的新观点。显然，第二种人类生活在地下。根据三个特别的情况，我认定他们之所以很少出现在地上，是因为他们习惯长期生活在地下。首先，他们和大多数主要生活在黑暗中的动物一样，浑身都呈现出灰白色，肯塔基洞穴里的白鲑鱼就是个例子。其次，那双能反光的大眼睛就是夜行动物的共同特征，猫头鹰和猫就是这样。最后，他们在阳光下明显手足无措，会匆忙而笨拙地向黑暗的阴影跑去。而且，他们在阳光下会低着头，这说明了他们的视网膜极度敏感。

“我的脚下一定有分布很广的隧道，这个新物种就生活在隧道里。山坡上有很多通风塔和井，事实上，除了河谷，到处都有这些东西，由此可见地下隧道的规模有多大。那么，我自然会认为，白天活动的人类日常舒适生活所需的一切，都是在地下世界里制造出来的。这个猜测很可信，我立刻就接受了，并继续假设人类物种是如何分裂的。我敢说你们已经预料到我的理论是怎样的了；不过，就我自己而言，我很快就觉得我的理论与事实相去甚远。

“首先来说说我们这个时代的问题，资产阶级和劳动者之间的社会差异在逐渐扩大，在我看来，这是全部问题的关键。毫无疑问，你们肯定觉得我看到的一切很怪诞，而且难以置信！然而，即便是现在，现有的情况也可以证明这一点。人们倾向于把文明中不需要装饰的部分都放在地下空间里，例如伦敦的大都市铁路，新的电气化铁路、地铁，地下工作室和餐馆，而且这样的设施在逐渐增加。我认为这种事会越来越多，到最后，工业将全部转到地下。我的意思是，工业越来越深入地转移到更大的地下工厂，在地下的时间越来越长，到最后……即使是现在，东区的工人不就是生活在几乎与地球的自然表面隔绝的人造环境中吗？

“富人的受教育水平日益提高，贫富之间的差距逐渐拉大，富人的排他性已经导致他们为了自己的利益而占用了相当一部分土地。在伦敦，恐怕已有一半风景优美的地方被圈成了私人土地。富人受高等教育需要很长的时间和很高的花费，他们需要的设施不断增加，此外他们还追求优雅。这样一来，贫富差距就会降低不同阶级之间的交流，目前延缓物种随着社会阶层化而分裂的通婚现象也在减少。因此，富人就在地面上，他们追求快乐、舒适和美丽；穷人只能去地下，工人们必须不断地适应他们的劳动条件。一旦他们到了地下，无疑就得为洞穴里良好的通风设施支付很大的代价；如果他们拒绝，那不是要挨饿就是因拖欠而窒息。他们当中生来就悲惨和叛逆的人会死去；最后，一种永久的平衡状态建立起来，幸存者适应了地下生活的条件，他们的生活和地上世界的人一样幸福。在我看来，这样的生存环境自然会造就地上世界的高雅美丽和地下世界的苍白。

“我曾经梦想的人类的伟大胜利完全是另一种样子。这不是我所想象的道德教育和普遍合作的胜利。相反，我看到的是一个真正的贵族阶层，他们用完善的科学武装起来，以符合逻辑的方式给了今天的工业体系一个结局。这不仅是人对自然的胜利，人类还战胜了自己的同胞。我必须提醒你们，这是我当时的看法。我在乌托邦式的书籍中找不到现成的模式。我的解释可能是完全错误的。我仍然认为这是最合理的解释。但是，即使在这种假设下，最终达到平衡的文明必定早已经过了巅峰期，而且现在已大大衰落。地上世界过于完美的安全保障导致他们进入了缓慢的退化，身材、力量和智力普遍下降。对于这一点，我已经看得很清楚了。我还没弄清楚地下世界的人是怎么回事；但是，根据我所看到的莫洛克人的情况——顺便说一下，这些生物就叫这个名字——我可以想象，他们的变化比我所知道的‘埃洛伊人’这个美丽种族要多得多。

“我有很多事想不通。莫洛克人为什么拿走我的时间机器？我确信是他们偷走了我的机器。如果埃洛伊人是主人，为什么他们就不能把机器还给我？他们为什么那么害怕黑暗？就像我说过的那样，我继续问薇娜关于地下世界的事，但我又一次失望了。起初她不明白我的问题，后来干脆拒绝回答。她颤抖着，好像这个话题叫她无法忍受。我逼她告诉我，我可能有点太咄咄逼人了，她竟然哭了起来。除了我自己的眼泪，我在黄金时代只见过薇娜流泪。我见她哭得稀里哗啦，马上就把莫洛克人的事抛到了脑后，我不想在薇娜的眼里看到人类遗传给她的泪水。我一本正经地划亮了一根火柴，她见了总算破涕为笑，拍起手来。”

第六章

“你们可能已经觉得非常奇怪了，但在两天后，我用非常得体的方法追踪了一条新发现的线索。之前我看到那些苍白的人，总是畏畏缩缩。他们就跟泡在博物馆里的蠕虫没什么两样，颜色像极了漂白剂的，摸起来冷冰冰的，叫人恶心。也许我的畏惧只是受到埃洛伊人的影响，我现在终于明白他们为什么讨厌莫洛克人了。

“第二天晚上，我睡得不是很好。可能是因为我的身体状况不佳造成的。我心里有很多疑惑，让我觉得特别压抑。其间，我还会产生一种非常强烈的恐惧感，可是我并不清楚自己到底在害怕什么。我记得我在月光下悄悄地走进小人儿睡觉的大厅，薇娜也在他们当中，看到他们在那儿后我才感到安心。但是，即便是那个时候，我也会想，过几日，连这轮弦月都会没有了，天会变得更加漆黑，到时候地下这些叫人很不舒服的家伙，这些白色的狐猴，这些进化过来的寄生虫怕是会更加猖獗。这两日，我感觉自己像是在逃避不可推卸的责任，浑身不自在。我意识到，只有壮着胆子爬到神秘的地下，把谜团破解了，才能找回时间机器。但我真的不敢面对这些谜团。要是有个伴，说不定就不一样了。可现在就只有我一个人孤零零地待在那里，即便在那个黑魆魆的井里爬行也叫人毛骨悚然。我总是感到脊椎发麻，我不知道你们是否能明白我的感受。

“说不定正是这种坐立不安的感觉驱使我去更远的地方探险。我往西南方向一片很高的地方走去，那里叫康贝·伍德，我在远处观察，判断出那里正是19世纪班斯特德的方向，那里有一幢很大的绿色建筑，跟我迄今为止看到的所有建筑都不一样，比我所知的最大宫殿和废墟都大，正面带着东方特色，表面很有光泽，呈现淡绿色，跟蓝绿色的中国瓷器有点儿类似。这个建筑一看就与众不同，想必有不同的用途。我打算继续探究一番。但是那天天色渐晚，我兜了个大圈子才去到那里，人早已疲惫不堪。我打算第二天再去探险，便回到了对我十分亲昵的小薇娜那里。可是第二天早上，我很清楚我对‘青瓷宫’的好奇只是自欺欺人罢了，推迟一天只是为了逃避我在那天所经历的恐惧。于是，我决定不再浪费时间，一大早就朝花岗岩和铝废墟附近的一口井走去。

“小薇娜跟在我身边，一路蹦蹦跳跳地来到那口井旁边，但她发现我俯身朝井口往里面看时，她看上去很是担心。‘再见，小薇娜。’我说着吻了她，然后把她放下，摸索着栏杆处的攀钩。我得承认我攀爬的速度相当快，生怕泄了气就不敢下去了！一开始，她惊讶地看着我，哀怨地叫了一声，跑向我，用小手使劲儿拉我。这一拉反而让我更想往下爬了。我挣脱她，动作可能有点儿粗鲁，我一下就到了井口的‘咽喉’处，我看见她的脸痛苦地依在栏杆上，便冲她笑了笑，让她不用担心，旋即低头看着我手里摇摇晃晃的攀钩。

“我得向下爬两三百码。往下攀爬可不容易，井壁伸出许多金属杆，那玩意儿更适合个头比我小、体重比我轻的生物，所以没过多久我就筋疲力尽了。可我感到的不只是身体上的疲堑！有根金属杆在我的重压下突然弯曲，我的身子荡了出去，差点儿就掉入黑咕隆咚的井底。我只得一只手吊在上面。吃一堑，长一智，此后我再也不敢耽搁了。虽然我的手臂和后背痛得厉害，但我还是拼命往下爬。其间，我抬头往上看了看，井口变成了一个蓝色的小盘，透过小盘，我能看到天上的一颗星星，小薇娜的脑袋宛如一个黑色的小球。下面的机器发出乒乒乓乓的声响，声音越来越大，叫人感到越发压抑。这会儿，除了头上的小圆盘，四周都是黑黢黢的，我再次抬头往上看时，薇娜不见了。

“我感到很是不安，甚至想打退堂鼓，索性爬上井口得了，不管什么地下世界了。虽然我反复动过这个念头，但我还是继续往下爬。最后，我隐约看到我下面一英尺的井壁上有个狭窄的小孔，终于长嘘了一口气。我一摆身体，钻了进去，发现里面有一个横向的隧道，我可以躺在里面休息一下。没过多久，我的手臂就痛了，后背也一阵痉挛，因为一直担心掉下去，我的整个身体都在瑟瑟发抖。而且，周围全是黑漆漆的，我的眼睛也变得酸痛起来。空气中充斥着机器抽气的震动声。

“我也不知道躺了多久，最后还是一只软塌塌的手碰到我的脸才让我惊醒了过来。我蓦地在黑暗中站起来，手忙脚乱地抓起火柴，划燃后，我看见三个白色生物弯腰看着我，样貌跟我在上面的废墟里见过的很像，但他们见到光亮直往后退。他们生活在伸手不见五指的环境中，眼睛特别大，对光很敏感，瞳孔跟深海鱼的眼睛差不多，而且跟那些鱼一样也能反光。我十分肯定他们也能在昏暗的地方看到我，除了光，他们其实根本就不怕我。不过，我刚再一次点燃火柴，好看清楚他们的样子，那些家伙就一下逃进了黑乎乎的沟槽和隧道里，躲在那里用奇怪的眼神打量我。

“我想喊他们，但他们的语言跟地上的生物显然不同，看来我仍然只能靠我一个人。不过，之前想打退堂鼓的念头还是没有退去。但我告诉自己既然来了就不要退缩。我摸索着在隧道里走，机器的声响越来越大。不一会儿，洞壁消失了，我来到一个空旷的地方。我再次划燃一根火柴，发现我进入了一个拱形的大洞，火柴照不到黑漆漆的洞穴那头。我看到的只是火光照亮的范围。

“我的记忆很模糊，一个像大机器一样的庞然大物在昏暗的地方显现出来，投下怪异的黑影，幽灵般的莫洛克人就躲在黑影下。对了，这个地方一点儿也不通风，十分压抑。空气中弥漫着一股淡而新鲜的血腥味，空地中央有一张金属小桌子，上面摆放的东西看起来是肉。这样看来，莫洛克人是肉食动物。我记得当时我就在想，莫非是什么大型动物幸存了下来，成了他们的食物。周围的一切难以辨认，却散发着浓烈的气味，像是有个模糊不清的庞然大物潜伏在阴影处，只等待黑暗再次降临便会向我袭来！这时，火柴燃尽，烫到了我的手指后跌落下去，在黑暗中变成了一个蠕动的红点。

“其实我也想过，进行这样的冒险，我带的装备实在太少了。当初我启动时间机器的时候，异想天开地认为未来人的所有装备肯定比我的先进，所以我没带武器、药品，甚至连烟都没带，有时候我特别想抽一口，可我连火柴都没带够。要是我带个柯达相机该多好啊！我可以立马将地下世界拍下来，到时候再慢慢研究。可眼下，我唯一能做的就是站在那里，动用大自然赋予我的武器和力量——手、脚、牙齿，还有仅剩的四根安全火柴。

“身处黑乎乎的地方，我哪里还敢穿过这台大机器继续往前走，只是借着最后的一丝光亮才发现我的火柴所剩无儿。我以前压根儿就没想过要省着点用。地上世界的人对火感到新奇，为了逗弄他们，我差不多浪费了半盒火柴。现在，正如我说的，只剩下四根了。我站在黑暗的地方，有只手碰了一下我的手，还有细长的手指拂过我的脸庞，我闻到一股特别难闻的气味，一群小东西围在我身边，我感觉我听到了他们的呼吸声，手中的火柴被轻轻地拿走了，他们还在身后拉我的衣服。我总觉得那些看不见的生灵在打量我，不由得觉得怪难受的。我在黑暗中突然清醒地意识到，他们对我的思维和行为方式全然不知，我拼命大喊大叫。那些家伙随即散开了，然后我感觉他们又围了过来。这次，他们贴得更紧了，还互相嘀咕着什么。我哆嗦得很厉害，随即又胡乱地大喊起来。这次，他们并没怎么被吓到，反而发出怪异的笑声，朝我围拢过来。我得承认我当时吓得不轻，便决定再划一根火柴，希望借着火光脱身。于是我划燃火柴，还点燃了从兜里掏出来的一张纸，好让火光变亮，我趁机退到了狭窄的隧道里。可是，我刚到隧道火就灭了，黑暗中，我听见莫洛克人发出如同风吹过树叶一样的声响，步点如雨滴般响起，朝我这边冲了过来。

“我一下就被好几只手抓住了，那些家伙显然是想把我拉回去。我又划燃了一根火柴，在他们惊慌失措的脸边挥舞着。你们很难想象他们那一张张人不像人鬼不像鬼的脸有多恶心，他们的脸是那样苍白，连下巴都没有，粉红色的眼睛很大，透着灰色，还没有眼睑。他们茫然无措地看着我。不过，我向你们保证我可没停下来观看，而是再次后退。等到第二根火柴燃完后，我划燃了第三根，我到达通往井口的空地时，那根火柴也差不多燃完了。地下世界的大泵发出的震动声让我头晕目眩，我只得在空地边缘躺下来。后来我摸到了凸出的攀钩，就在这时，后面有什么东西抓住了我的脚，我拼命蹬腿，还点燃了最后一根火柴……但火柴很快就灭了。不过，我现在总算抓住了攀钩，脚一阵猛踢，终于甩掉了莫洛克人。我飞快地往井口爬去，那些家伙只能眼巴巴地望着我。只有一个小可怜跟在我后面爬了一段距离，差点儿把我靴子扒掉当战利品。

“我好像怎么样也爬不到头，爬到最后二三十英尺的时候，我一下感到恶心至极，手都抓不稳了。到了最后几码，我感觉都要昏过去了，拼命坚持才没有掉下去。有好几次，我感觉脑袋嗡嗡直响，真感觉自己要掉下去了。不过，我终于还是爬上了井口，然后跌跌撞撞地走出废墟，来到刺眼的阳光底下。我一头栽在地上，感觉泥土是那样芬芳、洁净。我记得这时候小薇娜在亲吻我的手和耳朵，我还听到其他埃洛伊人的声音。后来，我昏了过去。”

第七章

“我现在的处境比以前更糟了。之前，虽然失去时间机器的那晚我痛苦万分，但至少我一直都觉得我有希望逃出去，可这些新发现动摇了我的希望。我之前一直认为我的障碍是这些小人儿的幼稚和单纯，以及一些我只须理解就能克服的未知力量；但莫洛克人品质恶劣、令人作呕，此外，他们还有一个新特点，那就是恶毒到了没有人性的地步。我发自本能地厌恶他们。在此之前，我感觉自己就像一个掉进坑里的人：我关心的是这个坑，以及如何从中逃脱。现在我觉得自己像一头困兽，敌人很快就会来取我的性命。

“你们要是知道我害怕什么样的敌人，可能会大吃一惊。

这个敌人便是新月出现时的黑暗。薇娜给我讲了关于黑夜的事，虽然一开始我不太明白她的话。现在，并不难猜测即将到来的黑夜意味着什么。月亮并非满月，黑夜一天天逐渐变长。到了这个时候，我至少在某种程度上理解了地上世界的小人儿为什么惧怕黑暗了。我搞不清楚莫洛克人在新月之夜到底能干出怎样的坏事。现在我确信我的第二个假设大错特错。地上世界的居民曾经或许是受命运垂青的贵族，莫洛克人是他们的仆人，给他们当牛做马；但那样的日子早已一去不复返。这两个物种由人类演化而来，正形成一种全新的关系，或者说这种关系早已形成。埃洛伊人就像卡洛林王朝的国王一样，日渐衰退，只剩下了一具美丽的躯壳，一点实际能力也没有。他们勉强获准可以拥有地上世界；莫洛克人世代生活在地下，无法忍受地上的日光。我推测，莫洛克人给埃洛伊人做衣服补衣服，也许是由于他们以前做惯了服侍人的工作。他们这样做，就像马儿站着甩甩蹄子，也像是人喜欢以猎杀野兽为乐，权当成运动，不过是因为古老且已不复存在的需要在他们的骨髓中留下了深刻的烙印。但是，一部分旧秩序显然颠倒了。娇生惯养的人很快就要遭报应了。很久很久以前，几千代人以前，人类驱逐了自己的兄弟，不让他们享受安逸和阳光。现在那兄弟杀了个回马枪，而且产生了变异！埃洛伊人体会到了古老的教训。他们渐渐熟悉了恐惧的滋味。我突然想起我在地下世界见到的肉。这件事突然浮现在我的脑海里，实在奇怪得很：并不是我的沉思所引发的联想，而是像一个来自外界的问题。我试着回忆肉的形状，却隐约觉得那东西很熟悉，但说不清那是什么。

“这些小人儿在神秘的恐惧面前无依无靠，我却完全不同。我来自我们这个时代，在这个人类快速发展的年代，恐惧不会使人麻痹，神秘并没什么可怕之处。我至少会保护自己。我决定马上动手制造武器，再快点找个用来睡觉的地方。有了这个避难所做基地，我就可以自信地面对这个陌生的世界，之前我发现每晚都可能受到可怕生物的攻击，早就没了信心。我觉得除非我的避难所很安全，让他们近不了身，否则我连觉都睡不了。一想到他们已经把我打量了个遍，我就吓得直哆嗦。

“下午我去了泰晤士河谷，可惜没发现哪个地方牢不可破。莫洛克人这么善于攀爬，建筑物和树木对他们来说都不在话下，看看他们的那些井，就能知道这一点。接着，我又想起了‘青瓷宫’高耸的尖塔及其光亮的墙壁；到了晚上，我把薇娜像个孩子似的扛在肩上，向西南方的山上走去。我目测距离有七八英里，但实际上我肯定走了将近十八英里。我第一次看到那个地方是在一个阴雨绵绵的下午，目测距离往往比实际要短。另外，我的这双旧鞋在室内穿感觉很舒服，但现在一只的鞋跟松动了，有颗钉子穿过鞋底，走起路来一瘸一拐的。太阳落山后我才看见宫殿，在淡黄色天空的衬托下，只能看到宫殿的黑色轮廓。

“一开始，我抱着薇娜，她还挺高兴，但过了一段时间，她让我把她放下来。她跑着跟在我身边，偶尔伸手摘一朵花插在我的口袋里。我的口袋总是让薇娜迷惑不解，但最后她的结论是，我的口袋是古怪的花瓶，用来插花。至少她是这么使用我的口袋的。说到这里，我想起一件事！我在换夹克时发现了……”

时间旅行者不再讲，他把手伸进口袋，默默地把两朵枯萎的花放在小桌上。那花像极了大号的白色锦葵。然后他又继续说了起来。

“静谧的夜晚笼罩了整个世界，我们翻过山顶向温布尔登前进。薇娜累了，想回灰石屋。但我指着远处‘青瓷宫’的尖塔给她看，并设法让她明白，我们必须去那里躲避恐惧。你们知道黄昏来临前那种万籁俱寂的感觉吗？连风也不再拂过树梢。对我来说，傍晚的寂静总是在暗示有事即将发生。天空晴朗，遥远而空旷，只能看到夕阳下的地平线。那天晚上，因为恐惧，这种有事发生的感觉变得更强烈了。天色渐暗，四周一片沉寂，我的感觉异常敏锐。我甚至觉得脚下的土地是空心的：我几乎可以透过地面，看到莫洛克人在地下世界走来走去，只等黑夜降临。我紧张极了，以为他们看到我进入他们的洞穴，便觉得我是在向他们宣战。而且，他们为什么拿走我的时间机器？

“我们在寂静中继续前进，暮色渐浓，黑夜笼罩了世界。远处湛蓝的天空渐渐消失，星星一颗接一颗地出现。地面上越来越昏暗，树木只剩下了黑色的剪影。薇娜更害怕了，也越来越疲劳。我把她抱在怀里，和她说话，安抚着她。然后，周围变得伸手不见五指，她搂住了我的脖子，还闭上眼睛，把脸紧紧地贴在我的肩膀上。我们走下一道长坡进入了山谷，在昏暗的夜色中，我差点儿走进小河里。我涉水而过，走到山谷的另一边，经过几幢正在沉睡中的房子，还路过一座半人半羊、没有脑袋的雕像。这里也有洋槐。到目前为止，我连莫洛克人的影子都没看到，但天才刚黑，还没到月亮升起之前的黑暗时刻。

“我看到下一个山头上有一大片密林，林子在我面前伸展开来，里面黑漆漆的。我不禁犹豫起来。无论往左往右看，我都瞧不见树林的尽头。我累了，我的脚尤其痛，我收住脚步，小心翼翼地把薇娜从肩上放下来，然后在草地上坐下。‘青瓷宫’隐没在了黑暗中，我看不到宫殿，怀疑是走错了方向。我望着浓密的树林，琢磨着有什么可怕的东西隐藏在里面。树枝茂密缠结，人在下面根本看不到星星。即使没有其他潜在的危险——我可不愿想象那都是什么样的危险——我仍然有可能被树根绊倒，或是撞到树干上。我紧张了一天，此刻也累坏了；所以我决定在此休息，就在这座开阔的山上过夜。

“我很高兴看到薇娜睡得很熟。我小心翼翼地把我的夹克盖在她身上，然后坐在她旁边等待月亮升起。山坡上静悄悄的，荒凉冷清，但不时能听到漆黑的树林里有东西在活动。夜空清澈，星星在我的头顶上方闪耀着光芒。看见星星一眨一眨的，我感到了某种友好的慰藉。然而，所有古老的星座都从天空中消失了：这种缓慢的运动在人类生活的漫长岁月中是难以察觉的，它们早已重新排列成陌生的组合。但是，在我看来，银河仍然和从前一样，是一道分散的星尘。南边（反正我是这么认为的）有一颗明亮的红星，这还是我第一次见到这颗星；它甚至比我们的绿色天狼星还要璀璨[1]。在所有这些闪烁的光点中，有一颗明亮的星星犹如老友的面孔，不断发出和善的光。

“看着这些星星，我自己的烦恼和地球生命都变得十分渺小了。我想起它们缓慢且不可避免地从未知的过去移动到未知的未来，以及它们与地球之间无法测量的遥远距离。我想到了地球极点所形成的巨大岁差周期。在我穿过的这些年里，地球只无声地旋转了四十圈。在这些旋转中，一切活动，一切传统，一切复杂的组织、国家、语言、文学、抱负，甚至是对我所熟识人类的记忆，都不存在了。现在存活于世的是这些已经忘记高贵祖先的脆弱生物，以及让我生畏的白色怪物。然后，我想到了他们中的一个种族对另一个种族怀有的巨大恐惧，我第一次清楚地意识到我看到的肉是什么，不由得哆嗦起来。实

1 目前，天狼星是夜空中人类肉眼可见的最明亮的星星。

在是太可怕了！我望着睡在我身边的小薇娜，她的脸在星星下是那么白皙，如同星光一般，那些想法便随之烟消云散了。

“在那个漫长的夜里，我尽可能不去想莫洛克人，我盼着在新形成的乱糟糟的星星中，能找到旧星座的痕迹，以此消磨时间。天空一直很晴朗，只是偶尔飘过一片朦胧的云。我不时打着瞌睡。随着我守夜的时间一点点过去，东方的天空中出现了一个模糊的东西，就像没有颜色的火焰的倒影。此时，古老的月亮升起来了，又细又尖，惨白如水。黎明随即到来，起初天色苍白，后来变得红润而温暖。没有莫洛克人接近我们。那天晚上我在山上也没看见他们。新的一天带来了信心，我甚至觉得我这么害怕，实在不可理喻。我站起来，发现鞋跟松了的那只脚的脚踝肿了，脚后跟疼得厉害；我只好坐下，脱下鞋子，把它们扔掉。

“我叫醒薇娜，带着她走进树林，绿油油的树木令人赏心悦目，不再漆黑可怕。我们找了些果子当早餐，而且很快就遇到了其他漂亮的小人儿，他们在阳光下又笑又跳，仿佛自然界中没有夜晚似的。我又想起了我看到的肉。我现在很肯定那是什么了，人类的洪流现在只剩下他们这条涓涓细流了，我从心底同情他们。显然，在很久以前人类走向衰退的时候，莫洛克人的食物就已经开始短缺了。他们可能以老鼠和类似的害虫为食。即使是现在，人类在食物上也远不如从前那么精挑细选，在这方面还不如猴子。不吃人肉对他们而言并非根深蒂固的本能。这些人类的后代没有人性！我试图从科学的角度来看待这件事。毕竟，他们比三四千年前的食人族祖先更不像人类，也没有人性。而他们并不为吃人而良心不安，他们没有智慧去产生这样的想法。我何必自找麻烦？埃洛伊人不过是肥牛，蚂蚁似的莫洛克人养着他们，杀了他们来吃，也许还由着他们繁殖。而薇娜还在我身边跳着舞！

“这太恐怖了，为了摆脱恐惧，我只好把吃人看作是对人类自私的严厉惩罚。人类满足于自己安逸快乐的生活，却不顾同胞做牛做马，把需要当作口号和借口，日久天长，这种需要已经深入骨髓。我甚至试着像卡莱尔[1]那样讽刺这些衰败的可怜贵族。但我不可能抱着这种心态。无论他们的智力退化有多严重，埃洛伊人都保留了很多人类的特征，所以我同情他们，

1 托马斯·卡莱尔（1795—1881），苏格兰哲学家、讽刺评论作家。

对他们的退化和恐惧感同身受。

“当时我也说不清我应该怎么办。我的当务之急就是找到一个安全的藏身之处，还要用金属或石头制作武器。这两件事刻不容缓。其次，我希望能找到一些点火的东西，这样我就有火把当武器了，因为我知道，用这招对付莫洛克人最管用了。那之后，我就要想办法打开白色狮身人面像下的青铜门。我想到了破城槌。我相信如果我能破门而入，再举着火把，就能找到时间机器，然后逃跑。我猜想莫洛克人没有力气把它搬到很远的地方。我决定带薇娜回到我们的时代。我一边在心中一遍遍琢磨这些计划，一边继续朝我选中的避难所走去。”

第八章

“中午，我们终于来到‘青瓷宫’，我发现这里早已荒废，成了一片废墟。窗户上只剩下一些碎玻璃，大片的绿色饰面从锈蚀的金属框架上剥落下来。宫殿位于一片长满青草的开阔高地上，朝东北方向，我在进去之前惊讶地发现了一个大河口，说是一条小河也不为过。我估摸着旺兹沃思和巴特西很有可能就在这里。我当时思考了一会儿海里的生物在这些年里经历了怎样的变化，不过并没有细究这个问题。

“我查看后发现宫殿确实是用瓷建造的，我在陶瓷的表面上看到了一段铭文，但看不懂是什么意思。我还傻兮兮地以为薇娜会帮我翻译，但我发现她根本就不知道什么是文字。不

过，在我看来，她比自己表现出来的更具人性，也许是因为她的感情更接近人类。

“带有阀门的大门敞开着，并且已经毁坏，我们进去，发现里面不是通常的大厅，而是一个长走廊，有许多侧窗，所以十分明亮。乍一看，我觉得这里像个博物馆。铺着瓷砖的地上落了厚厚一层灰，一大堆各式各样的东西上也覆盖着同样的灰尘。这时，我看见中央立着一具巨大的骨架，只剩了下半部分，怪模怪样的，非常难看。看到那倾斜的大脚，我估摸这是一种已经灭绝的生物，类似大地懒。头骨和上半部分骨骼置于一边，覆盖着厚厚的灰尘，有一部分正好处在漏雨的屋顶下面，已经腐坏。长廊深处有一副巨大的雷公龙骨架。如此，关于博物馆的猜测得到了证实。我走向侧面，见到了很多倾斜的架子，我拂去上面的灰尘，只见那是我们这个时代常见的玻璃柜。柜子里面的东西保存完好，由此可见柜子是密闭的。

“很明显，我们站在现代南肯辛顿博物馆的废墟中！而这里是古生物馆，这些化石全都不同凡响，虽然细菌和真菌都已灭绝，腐蚀已经失去了百分之九十九的威力，但这些宝贵的化石依然腐坏了，只是过程缓慢了一些。有的罕见化石已经碎成一块一块的，还有的用芦苇穿了起来。在这里随处可见小人儿留下的痕迹。有些地方的展柜被移走了，我估摸是莫洛克人干的。这地方很安静。我们踩在厚厚的尘土上，没有发出半点声响。薇娜一直在倾斜的玻璃柜里滚海胆玩儿，就在我环顾四周的时候，她走过来，悄悄地拉起我的手，站在我身边。

“一开始，我对这个人类智慧留存的古迹非常惊讶，都没有考虑它代表着什么。我甚至把我心心念念的时间机器忘记了。

“看到这个地方这么大，可知‘青瓷宫’里不只有古生物陈列馆，可能还有历史馆，甚至还有图书馆！从我当前的处境来看，这些要比正在衰退中的古代地质有趣得多。在探索的过程中，我发现了另一个长廊，与第一个平行，只是比较短。这里展出的像是矿物质，我看见了一块硫黄，马上就想到了火药。但我没找到硝石；的确，这里根本就没有硝酸盐。毫无疑问，它们在很久以前就溶解了。然而我一直想着硫黄的事儿。至于长廊里其他的东西，虽然总体上来说它们是我所见过的保存得最好的，但我并不感兴趣。我对矿物的了解不多。我走进一条与我第一次进入的长廊平行的过道，但这里毁坏得非常严重。很明显，这一部分是关于自然历史的，但一切都早已面目全非。以往的动物标本、装有酒精的罐子里的木乃伊、棕色粉尘状的死植物，如今只剩下了一些干瘪发黑的残迹，就是这些！我真的很遗憾不能去探寻这种重新适应的长期过程，而正是通过这种重新适应，人类才征服了生机勃勃的大自然。然后，我们来到了一个巨大的长廊，但那里光线特别差，地板从我进去的那头微微向下倾斜。隔一段距离便有一个白色灯泡吊在天花板上，其中许多都已经碎裂，由此可见，最初这个地方一定是灯火通明。在这里，我有了更强烈的归属感，因为我的两侧摆放着很多大机器，都腐蚀严重，许多已经散架了，但一些仍相当完整。你们都知道的，我对机器嗜好成癖，很希望在这些东西之间多待一会儿；这些机器大都奇奇怪怪，我就更来了兴致，而且我也只能隐约猜出它们是干什么用的。我想，如果我能找出这些机器的用途，我就可以对付莫洛克人了。

“薇娜突然走到我身边。她悄无声息的，把我吓了一跳。不过，要不是她，我根本注意不到走廊的地板是倾斜的。我进来那个地方的地面已经很高了，只有几扇像是裂缝一样的窗户用来照亮。沿路往前走，地面逐渐升高，甚至碰到了窗户。最后，每扇窗子前面都有一个坑，就好像伦敦的房子前面都有一块区域是低于街面的，顶上只有一道很窄的日光照射进来。我慢慢地走着，苦苦思索机器的用途，我只顾着想机器了，没发现光线在变暗，但过了一会儿，我注意到薇娜越来越担心。我这才看到画廊终于被浓重的黑暗包围。我犹豫了一下，发现四周的灰尘少了很多，灰尘表面上的痕迹也少了。我们在黑暗中继续往前走，可以看到灰尘上有一些小脚印。我立刻意识到莫洛克人随时都可能冒出来。我觉得我研究那些机器，纯属浪费时间。我想起这一个下午我们已经走得很远了，我仍然没有武器，没找到避难所，也无法生火。接着，在远处漆黑的走廊里，我听到了一阵奇怪的吧嗒声，和我在井底听到的怪声一样。

“我连忙拉住薇娜的手。然后，我忽然灵机一动，让她待在原地，我转身走到一架机器旁边，机器上有一根控制杆，与信号塔上的控制杆很像。我爬上托架，用两只手抓住控制杆，使出浑身力气往侧面拉。薇娜独自站在走廊中间，忽然呜咽了起来。我对控制杆的判断很准确，我只扳了一会儿，杆子就断了。我连忙回到她身边。我把控制杆当狼牙棒，照我估计，不管遇到什么样的莫洛克人，这东西都准能把他们的脑袋敲碎。我真想杀一两个莫洛克人。我竟然想杀死自己的后代，你们可能以为我很残忍！但是，面对莫洛克人，什么仁慈啦、博爱啦，统统都消失了。可我不愿意丢下薇娜，而且，要是我大开杀戒，遭殃的想必就是我的时间机器，所以我强忍着，并没有沿走廊往前走，去杀死那些浑蛋。

“我一只手握着狼牙棒，另一只手拉着薇娜走出长廊，来到了另一个更大的长廊中。乍一看，这里像是军事纪念堂，挂着许多破烂的旗帜。两边悬着一些棕色的烧焦破布，我仔细看过，发现那是书腐烂后的残留物。书上的印刷字早已无从辨认。不过随处可见弯曲的木板和断裂的金属卡环，而这已经说明了一切。我若是个文人，或许会从道德角度考虑人类的雄心抱负到头来竟是一场空。但是，事实上，让我印象最深的是，满地都是腐烂的纸张，看来人类的劳动都白费了。我承认，当时有那么一会儿，我想到了《哲学学报》，以及我自己那十七份关于物理光学的论文。

“然后，我们走上了一道很宽的楼梯，来到了曾经可能是工业化学馆的地方。对在这里找到有用的东西，我基本不抱任何希望。除了屋顶一角塌了之外，这个展馆保存得十分完好。我急忙去每一个完好无损的柜子里翻找。终于，在一个密闭的柜子里，我找到了一盒火柴。我迫不及待地试了试。火柴还能用，甚至一点也不潮湿。我扭头面对薇娜。'跳舞吧。'我用她的语言对她喊道。毕竟现在我有了武器，可以对付把我们吓破胆的可怕怪物。在这座废弃的博物馆里，我踩着如同地毯一样的厚尘土，庄重地跳起了各种各样的舞步，我还用口哨欢快地吹着《天国》的调调，薇娜看得兴高采烈。我一会儿跳康康舞和踢踏舞，一会儿跳大裙舞（只跳我的燕尾服允许的动作幅度），我还即兴创造舞步。你们知道的，我这个人天生就有创造力。

"此时此刻，我仍然认为这盒火柴历经了数千万年却依然完好，实在很奇怪，但对我而言，这可是一大幸事。不过说来也怪，我找到了一个更加不可能出现的东西，那就是樟脑。我是在一个密封罐里找到的，我估摸是有人无意中放进去的。一开始我还以为是固体石蜡，我就把罐子打碎。但樟脑的气味不会有错。日久天长，时间流转了成千上万个世纪，所有东西都腐烂了，这个易挥发的物质却机缘巧合保存了下来，我想起我曾见过一幅用乌贼化石的墨囊画成的画，那只墨鱼肯定是在数百万年前就死去了，并变成了化石。我正想把樟脑扔掉，但我突然想起这东西易燃，燃烧的火焰非常明亮，其实可以算是很好的蜡烛，于是我把樟脑放进口袋。然而，我没找到炸药，也没找到任何可以打破铜门的东西。到目前为止，那根铁撬棍是我最有用的工具。我兴高采烈地离开了展馆。

“对于那个漫长下午发生的事，我没办法一一讲出来。如果按照正确的顺序回忆，那得有很强的记忆力才行。我记得有一个长展馆，里面摆满了生锈的武器托架，我犹豫着是该要我的撬棍，还是拿这里的短柄小斧或长剑。我不能同时使用两把武器，而且我的铁棒看起来最有可能撬开青铜大门。这里还有很多手枪和步枪。其中大部分已经生锈，不过还有很多枪看起来是用全新的金属做的，依然完好。但弹壳或火药早已腐烂，化为了尘埃。我看到展馆的一角有烧焦的痕迹，想必是炸药在标本之间爆炸导致的结果。另一个地方有各种人偶，包括波利尼西亚人、墨西哥人、希腊人和腓尼基人，应该包括各个国家的人。我忽然心血来潮，便把我的名字写在了南非皂石怪物的鼻子上，我很喜欢这个怪兽。

“天色越来越暗，我的兴趣也没那么大了。我走过一个又一个展厅，到处都布满尘土，四周鸦雀无声，大多数的展厅都毁坏了，有些展品只剩下了一堆堆褐色的锈迹，有的还留有原本的一些痕迹。走着走着，我来到一个锡矿模型旁边，无意中在一个密闭柜里找到了两个炸药桶！我大喊一声：‘我找到了！’随即便高兴地把柜子砸烂。可我又有些怀疑，就犹豫了起来。我找了个偏僻的小展厅测试炸药还能不能用。十五分钟后，炸药依然没炸，我简直失望透顶。炸药桶果然是仿制品，看炸药桶的样子我就该猜到的。不过，如果是真炸药，我相信我会毫不犹豫地冲出去，炸了狮身人面像和青铜门，那样的话，时间机器也就一起被炸得粉碎了。

“我想我们是在这之后来到了宫殿内的一个天井。里面铺着草皮，种着三棵果树。我们休息了一会儿，吃了点果子。太阳快落山的时候，我开始考虑我们的处境。夜晚在悄悄接近，我到现在也没找到能将莫洛克人阻挡在外的避难所。但现在我不再为了这事担心。我现在有火柴，这可能是对付莫洛克人最好的防御工具！我的口袋里还有樟脑，需要放火就可以用它。

我觉得我们最好就在天井里过夜，再生堆火。到了明早，我们就去找时间机器。到目前为止，我能依靠的只有那根铁棒。随着我越来越了解这里，我对青铜门有了不同的感觉。我一直没有破门而入，在很大程度上是因为我对门内的世界一无所知。那些门在我看来并不结实，我希望我的铁棒足以把门弄开。”

第九章

“我们从宫殿里出来，太阳还没完全落下。我决定第二天一早抵达白色狮身人面像，还打算在黄昏到来前穿过原先阻挡我的树林。我的计划是那天晚上尽量多赶路，然后生一堆火，在强光的保护下睡上一觉。因此，我一路都在收集我看到的所有树枝或干草，不久我就抱了满怀这样的垃圾。如此一来，我们的进度比我预期的慢了一些，薇娜也累了。我的眼皮开始打架；就这样，到树林的时候，天已经全黑了。薇娜害怕面前的黑暗树林，便在林子边缘那座长满灌木的山丘上停了下来；但是，我总感觉要有灾难发生，这种警惕感驱使我一直往前走。我有两天一夜没合眼了，又发了烧，只觉得心情烦躁。睡意袭来，莫洛克人似乎也一起向我展开了攻击。

“就在我们犹豫不决的时候，我看到身后漆黑的灌木丛中有三个蹲着的人影。我们周围到处都是灌木和长草，他们悄悄接近，实在叫人不安。我估计这片森林宽不到一英里。如果我们能穿过树林到达光秃秃的山坡就好了，我觉得在那里休息很安全；想必还可以用火柴和樟脑照亮穿行树林。然而，若要点火柴，我就得放弃柴火；我只好很不情愿地把柴火丢了。我突然想到，点一根火柴就能把我们后面那些朋友吓跑。以后我会发现这个办法其实不仅残忍还很荒唐，但在当时，我认为这是个巧妙的法子，可以掩护我们撤退。

“我不知道你们有没有想过，在没有人的温带气候下，火焰是多么罕见。不像在更热的地区那样，在这里，即使是阳光通过露珠形成聚焦，太阳发出的热量并不足以使任何东西起火。闪电可能会击中树木，把树木烧焦，但很少引起严重的火灾。植物腐烂后，发酵散发出的热量偶尔会引起闷烧，但很少产生火焰。在这个退化的地球上，生火早已被遗忘。对薇娜来说，舔噬我那堆木头的红色火舌陌生又新奇。

“她想跑过去和火玩儿。如果我不阻止她，她八成就跳进火堆里了。但我一把把她抱起来，也不理会她的挣扎，大胆地钻进了我前面的树林。我的火光照亮了小路。过了一会儿，我回头，透过茂密的枝干，能看到火焰从那堆树枝蔓延到了邻近的灌木丛，一道弯曲的火线爬上了长满草的山丘。我见状大笑起来，又转向前面黑压压的树林。林子里黑得伸手不见五指，薇娜浑身颤抖地抱住我，但我的眼睛渐渐适应了黑暗，发现仍有足够的光线使我避开植物。头顶上一片漆黑，不时能看到一点遥远的蓝色夜空。我一根火柴也没用，因为我左手抱着我的小宝贝，右手拿着铁棒。

“走出了一段路，只听见脚下的树枝噼啪作响，上面微风沙沙吹过，还有我自己的呼吸和血液冲击耳膜的声音。然后，周围似乎响起了啪嗒啪嗒的声音。我冷冷地向前走去。啪嗒声越发清晰，接着我又听到了我在地下世界听到的怪声。显然来了几个莫洛克人，他们正在向我逼近。果然，片刻后，我感到有人拉我的外套，又有人拉我的胳膊。薇娜剧烈地颤抖起来，随后变得一动不动。

“该叫火柴出场了。但要拿出火柴，我就必须把她放下。我放下了她，在口袋里摸索，黑暗中，一场搏斗在我的膝盖旁边开始了，她没有发出半点声音，莫洛克人则发出了奇怪的咕咕声。柔软的小手摸着我的上衣和后背，甚至还触到了我的脖子。然后，刺的一声，我划亮了火柴。我举着燃烧的火柴，看见白色背脊的莫洛克人在树丛中飞奔。我急忙从口袋里掏出一块樟脑，准备等火柴快熄灭时把它点燃。然后我看着薇娜。她面冲下趴在地上，抓着我的脚，一动不动。我突然感觉很害怕，便弯腰去扶她。她似乎喘不上气了。我点燃樟脑，把它扔到地上。樟脑噼里啪啦燃烧起来，驱散了莫洛克人和影子，我跪下把她抱起来。身后的树林似乎有一大群人，动静很大！

“薇娜像是昏过去了。我小心翼翼地抱起她，扛在肩上，站起来继续往前走，这时我才意识到一个问题。在我摆弄火柴和抱着薇娜的时候，我转了好几圈，现在我都不知道该朝哪个方向走了。我也有可能正对着‘青瓷宫’的方向。我发现自己出了一身冷汗，不得不赶快想出个法子。我决定生火，原地扎营。我把仍然一动不动的薇娜放在一根覆盖着草皮的树干上，第一块樟脑的火焰渐渐小了，我飞快地收集树枝和树叶。在我周围的黑暗中，时不时能看到莫洛克人的眼睛像红宝石一样闪闪发光。

“樟脑的火焰闪烁了几下便熄灭了。我点燃一根火柴，就在我划火柴的时候，两个白色的身影飞快地接近薇娜。其中一个被光照得睁不开眼，竟然径直向我冲来，我一拳打过去，好像打碎了他的骨头。他惊慌失措地大叫一声，踉踉跄跄地走了几步，便倒在了地上。我又点了一块樟脑，继续拾柴。不一会儿，我注意到我头顶上的一些树叶很干燥，自从我乘坐时间机器来到这里，大约一个星期以来，此处连一滴雨都没下过。所以，我停止在树林中四处寻找落下的树枝，而是开始跃起折树枝。很快，我就用绿色的木头和干树枝生了一团火，冒出的烟雾十分呛人，这样可以节省樟脑。然后我转向薇娜，她就躺在我的铁棒旁边。我竭尽所能想要唤醒她，但她躺在那里，像是死了。我甚至都不确定她是否还有呼吸。

“烟雾将我团团围住，我忽然感觉很疲惫。空气中弥漫着一股樟脑味。再过一小时左右才需要添柴。折腾这么久，我累极了，便坐下来。一种我听不懂的低沉声音响彻树林。我似乎只是打了个盹儿就睁开了眼睛。周围黑咕隆咚，莫洛克人的手在我身上乱摸。我甩开他们的手，急忙在口袋里找火柴盒，火柴盒竟然不见了！他们紧紧地抓着我，把我包围了。我马上就意识到发生了什么事。我睡着了，火灭了，死亡的痛苦折磨着我的灵魂。树林里似乎弥漫着烧木头的气味。他们抓着我的脖子、头发、胳膊，我被拉得倒在地上。在黑暗中，这些软不啦叽的生物压在我身上，真是说不出的恐怖。我觉得自己仿佛被困在了一张巨大的蜘蛛网中。我渐渐没了力气，再也支撑不住。有几颗小牙齿咬住了我的脖子，我猛地翻了个身，就在此时，我的手碰到了铁棒。我的力量一下子就恢复了。我挣扎着站起来，把这些老鼠一样的人从我身上甩掉，然后，我握着铁棒，冲他们的脸一通猛挥。我能感觉到他们被我打得血肉模糊，有那么一刻，他们不敢再近身。

“人在激战之际就会感到一种奇怪的狂喜，我就有这种感觉。我知道我和薇娜迷路了，但我决定让吃人肉的莫洛克人付出点代价。我背对一棵树站着，挥舞着铁棒。我能听到他们在树林里跑来跑去，他们的叫喊声连续不断。过了一会儿，他们的声音变得越来越激动，动作也越来越快。然而，他们都没有接近我。我站在那里，怒视着黑暗。突然，希望出现了。如果莫洛克人害怕了呢？紧跟着发生了一件怪事。黑暗似乎变得明亮起来。我隐隐约约地看见了我周围的莫洛克人，有三个人被我打得遍体鳞伤，躺在我的脚下，然后我惊奇地意识到，其他人似乎在不停地从我背后跑进我前面的树林里。他们的背看起来不再是白色，而是红的。我目瞪口呆地站在那里，这时只见一颗小小的红色火星从树枝间透下星光的缝隙飘过，消失不见了。这时，我才明白过来为什么会有木头燃烧的气味和红色火光，树林里着火了，所以，莫洛克人的低语声才会渐渐变成怒吼，他们才会落荒而逃。

“我从树后走出来，回过头去，从近处那些黑压压的树木之间的缝隙，我看到了森林燃烧的火焰。原来是我第一次生的火烧了过来。我马上去找薇娜，可她不见了。大火在我身后噼里啪啦燃烧着，每棵树在被引着的时候都会发出巨大的爆裂声，几乎没有时间容我细细思考。我仍把铁棒握在手里，跟着莫洛克人的足迹追了上去。这是一场激烈的比赛。有一次火焰在我右边飞快地蔓延，我被包围了，不得不向左跑。但最后我跑到一片小空地上，这个时候，一个莫洛克人跌跌撞撞地朝我冲过来，从我身边跑过，径直跑进了火里！

“我马上就将见识到我在未来时代所见过的最古怪、最可怕的东西。在火光的映照下，整片地方像白日一样明亮。中间有一个小山丘，也可能是一座坟墓，上面是一棵烧焦的山楂树。空地另一边也是一片燃烧着的树林，黄色的火舌熊熊燃烧，烈焰犹如一堵墙包围了空地。山坡上有三四十个莫洛克人，火光冲天，热浪滚滚，莫洛克人眼花缭乱，不知所措地东奔西跑。起初，我并没有意识到他们的眼睛被照得看不到，所以他们一走近我，我就很害怕，只得抡起铁棒向他们猛打，打死了一个，又打伤了几个。但当我看到火光映红的天空下有一个莫洛克人在山楂树下摸索，听到他们的呻吟时，我就确定他们在强光下已经没有了杀伤力，只能忍受痛苦，于是我不再打他们。

“然而，不时还是有人径直朝我走来，我只能以最快速度心惊胆战地躲开他们。有一段时间，火小了一些，我担心那些邪恶的生物很快就能看见我了。我甚至想赶在他们能看见之前先干掉几个；但火又一次熊熊燃烧起来，我按兵不动。我在山上走来走去，见到他们就绕开，寻找薇娜的踪迹，可连她的影子都没看到。

“最后，我在小山丘顶上坐下来，看着这一群怪物在火光的照射下瞎着眼来回摸索，向彼此发出可怕的声音。袅袅上升的浓烟在天空中翻腾，火光照红了树冠，透过树冠之间难得出现的缝隙，可以看到小小的星子，它们是那么遥远，仿佛属于另一个宇宙。有两三个莫洛克人跌跌撞撞地朝我冲过来，我挥拳猛击，虽然是我打他们，但我还是吓得浑身发抖。

“那天夜里的大部分时间，我都告诉自己眼前的一切只是一场噩梦。我咬自己，尖叫着想要醒来。我用手敲打地面，坐立不安，来回踱步。我揉着眼睛，祈求上帝让我醒来。我几次看见莫洛克人耷拉着脑袋冲进火海。但是，在渐渐熄灭的通红火焰、滚滚的黑烟、烧焦的树桩，以及越来越少的邪恶生物的上方，终于出现了黎明的曙光。

“我又去寻找薇娜，却依然找不到她。他们显然把她那可怜的小尸体留在了树林里。一想到她的尸体没有被莫洛克人吃掉，逃过了可怕的命运，我心里就有股说不出的宽慰。念及此，我恨不得杀光我周围那些没救的可恨东西，但我忍住了。我说过，那座小山就如同树林中的一座孤岛。我从山顶上可以透过烟雾辨认出‘青瓷宫’，再根据‘青瓷宫’找出白色狮身人面像的方位。于是，随着天色一点点变亮，我在脚上绑了一些草，便离开这些仍然到处乱窜、呻吟不止的该死的家伙，一瘸一拐地穿过冒烟的灰烬和烧得发黑但时不时还有火苗蹿出来的树干，向着时间机器所在的地方走去。我走得很慢，几乎已经精疲力竭了，而且我的脚很疼，此外，小薇娜死得那么惨，我很难过。太不幸了。现在，在这个熟悉的房间里，她的死感觉更像是一场梦中的悲伤，而不是真正的损失。但那天早上，我又一次感到了强烈的孤独。我开始想念我的房子、壁炉，想念你们，一想到这些，我就痛苦难当。

“但是，当我在明亮的晨光下走过冒烟的灰烬时，我有了一个发现。我裤兜里还有几根掉出来的火柴。盒子在丢失之前一定是漏了。”

第十章

“早上八九点钟，我来到了黄色金属座位边，我来时的那个黄昏就是从这里俯瞰未来世界的。我想起了那晚我草率得出的结论，禁不住为自己的自信苦笑起来。美景如故，茂密的树叶如故，辉煌的宫殿如故，壮丽的废墟如故，同样银光闪闪的大河奔流不息，在肥沃的河岸之间奔腾。美丽的人们穿着华丽的长袍在树林中走来走去。有些人就在我救薇娜的地方洗澡，想到薇娜，我的心突然疼了起来。通往地下世界的深井及其上方的圆屋顶如同风景上的污点。我现在明白了美丽的地上世界下面存在着怎样的丑陋。白天，他们过得很愉快，如同田间的牲畜。他们就像牛，不知道有敌人。他们和牲畜的结局是一样的。

“想到人类的智慧之梦竟是如此短暂，我不由得悲从中来。人类自己毁灭了自己。人类打着安全和恒久的口号，坚定地追求舒适和安逸，建立社会平衡，并且最终达成了心愿。曾几何时，生命和财产十分安全，不会受到任何威胁。富人可以保住他们的财富和舒适，而劳动者可以生活下去，有工作可做。毫无疑问，那个完美的世界没有失业问题，也没有悬而未决的社会问题。就这样，人类过了一段风平浪静的日子。

“我们忽略了一个自然法则，多元智能是对变化、危险和麻烦的补偿。动物完全融入环境，是一种完美的机制。除非习惯和本能派不上用场，否则大自然永远不会求助于智慧。没有变化，不需要变化，就没有智慧。只有需要满足各种各样需求和危险的动物，才配拥有智慧。

“所以，在我看来，地上世界的人变得娇弱美丽，而地下世界的人则进入了类似机械化的发展。但这种完美的状态，哪怕是机械上的完美，也缺少一样东西，那就是绝对的永恒。很明显，随着时间的推移，不管地下世界的人吃什么，他们的食物供给链都断了。‘需要’已经被拒之门外几千年了，现在则卷土重来。地下世界与机器接触，尽管机器是完美的，但仍然需要地下世界的人抛弃习惯，进行一些思考，他们很可能仍然保留着比地上世界的人更强的主动性，虽然他们的其他人类特征并不那么明显。吃不到别的肉，他们就改吃旧习惯不允许吃的东西。所以我说，在对802701年的世界的最后一次观察中，我得出了这样的结论。这可能是人类智慧所能做出的错误解释。但这就是那个世界在我眼里的样子，如今我便讲给你们听。

“过去几天，我经历了疲劳、兴奋和恐惧，而且，尽管我很悲伤，我所坐的这片草地、宁静的景色和温暖的阳光还是非常令人愉快的。我又累又困，很快就打起了瞌睡。于是，我躺在草地上，舒舒服服地睡了一大觉，让自己恢复一下精神。

“我醒来的时候，太阳都快落山了。现在，我觉得就算有莫洛克人发现我在睡觉，也没什么大不了的。我伸伸懒腰，下了山，朝白色狮身人面像走去。我一只手拿着铁棒，另一只手在口袋里摆弄火柴。

“这时发生了一件意想不到的事。我走到狮身人面像的底座近处，发现青铜门是开着的，门滑进了凹槽里。

“我在门前停下，犹豫着是否要进去。

“里面是一间小房间，时间机器就在角落里的一个平台上。小杠杆都在我的口袋里。我本来准备好向白色狮身人面像发动攻击，可我现在竟然不战而胜。我把铁棒扔了，还因为它没有派上用场而有些遗憾。

“正当我弯腰向门口走去时，我突然想起了一件事。至少这一次，我明白了莫洛克人的想法。我强忍着没笑，跨过青铜门框，走向时间机器。我惊奇地发现莫洛克人竟然仔细地给机器涂了油，还清理了一番。从那以后，我就一直怀疑莫洛克人把我的机器拆了，想了解它的用途。

“我站在那里仔细地观察着时间机器，只要摸摸这个发明，我心里就美滋滋的，接着，我预料的事发生了。青铜门板突然向上滑起，哐当一声合上了。黑暗顿时将我包围，我被困住了。这就是莫洛克人的诡计。见到这样的情况，我高兴地笑了。

“他们向我走来，我能听到他们低沉的笑声。我很平静地去划火柴。我只要装好操纵杆，然后像幽灵一样离开就行。但是，我忽略了一件小事。这该死的火柴只能在火柴盒上划亮。

“你们可以想象我一下子就慌了神儿的样子。那些小畜生把我团团围住了，其中一个还摸我。我在黑暗中冲他们挥舞控制杆，然后爬上了机器的鞍座。他们又开始来抓我。我只得拼命掰开他们抓住控制杆的手指，同时我还要摸索寻找固定控制杆的螺栓。有一次，他们差点儿就抢走了控制杆。就在控制杆从我手中滑落时，我不得不在黑暗中用我的头去撞他们，一时间把莫洛克人的脑袋撞得嘎吱嘎吱响，这才把控制杆夺了回来。我想，这次最后的争夺比树林里的战斗更惨烈。

“不过，控制杆终于固定住了，我一把拉下。那些紧紧抓着我的手纷纷松开。黑暗不久就从我眼前消失了。我又回到了我描述过的那种灰蒙蒙的光线和骚动之中。”

第十一章

“我已经告诉过你们，时间旅行会让人感觉恶心，叫人晕头转向。这一次，我是歪歪扭扭地坐在鞍座上的，非常不稳。有那么一段时间，我也说不清是多久，时间机器左摇右晃，剧烈地颤动着，我只能紧紧地抓着机器，完全没有注意到我是怎么走的，等我再看刻度盘的时候，我惊讶地发现我到了另一个地方。几个刻度盘显示不同的数字，分别记录着单日、千日、百万日和亿万日。现在，我没有倒拉控制杆，而是向前推，继续前进。我观察刻度盘的时候发现，表示千日的指针转得像是手表的秒针那么快。就这样，我开始向未来移动。

“我继续向前，周围发生了奇怪的变化。那种叫人忐忑的灰色变得更暗了；尽管我仍然以惊人的速度穿越时间，但日夜交替又开始了，这通常预示着速度放慢，而且，这种交替越来越明显。起初，我真是搞不清状况。昼夜交替的速度越来越慢，太阳划过天空的速度也越来越慢，似乎延续了几个世纪那么久。最后，暮色笼罩着大地，再也没有变化，只是偶尔有流星划过昏暗的天空时才会发出耀眼的光芒。表示太阳的光带早已消失；因为太阳已经不再落下，太阳只是在西边起落，而且越变越大，越变越红。所有月亮的痕迹都消失了。星星盘旋的速度逐渐放缓，成了慢慢移动的光点。最后，在我停下来之前，红色的大太阳一动不动地停在地平线上，太阳犹如一个巨大的圆顶，散发着热量，不时地会消失一会儿。有一段时间，它绽放出更明亮的光芒，但很快又继续散发沉闷的热量。太阳缓慢地升起落下，可见潮汐的阻碍作用已经消失了。地球只有一个面朝着太阳，就像我们这个时代的月亮面朝地球一样。我想起我以前一头栽下去时的情形，于是我非常小心地向后拉控制杆。指针越转越慢，千日的指针静止不动了，单日指针也不再快速旋转到变成模糊一团。到最后，一个荒凉海滩的轮廓渐渐变得清晰起来。

“我轻轻地停了下来，坐在时间机器上环顾四周。天空不再是蓝色的。东北边的天空像墨一样黑，浅白色的星星在黑暗中持续地闪烁光芒。头顶上方是一片深印度红色的天空，没有星星，东南方向越变越亮，呈现鲜红色，在那里的地平线上巨大的红色太阳纹丝不动。我周围的岩石都是深红色的，我所能看到的生命痕迹只有深绿色的植物，东南边所有突出的物体上都覆盖着这样的植物。森林里的苔藓或洞穴里的地衣都是这种深绿色，只有生长在没有阳光照耀下的植物才会是这种颜色。

“机器停在倾斜的海滩上。在苍白的天空衬托下，大海向西南伸展，与明亮刺眼的地平线连接在一起。连一丝风都没有，海上没有太大的波浪。只有一波波油腻的细浪像是轻柔的呼吸一样涌来涌去，表明这片永恒之海还拥有生命。海水边缘有一层厚厚的盐，在可怕天空的映衬下，那些盐看起来是粉色的。我的脑海里产生了一种压抑感，我注意到我的呼吸非常快。这种感觉让我想起了我唯一一次的登山经历，根据这一点，我判断那时的空气比我们现在的要稀薄。

“在远处荒凉的山坡上，我听到了一声刺耳的尖叫，紧接着我看到一个巨大的白色蝴蝶状的东西倾斜着飞了起来，随即消失在远处低矮的山丘后面。它发出的声音是如此凄厉，我不由得哆嗦起来，更加牢牢地坐在机器上。我又看了看四周，发现在离我很近的地方，一个像是红色岩石的东西正在慢慢地向我移动。然后我看到那东西其实是一个螃蟹似的巨大生物。你们能想象出一只像那边那张桌子那么大的螃蟹吗？它有许多腿，缓慢而不确定地移动着，大爪子来回摆动，长长的触须像车夫的鞭子一样甩来甩去，感知周围的一切，它那若隐若现的眼睛在它金属般的前肢两侧闪着光，瞪视着你。它的背部有波纹，上面有难看的突起，到处都是绿色的结痂。它往前爬行，我能看到它那复杂的嘴巴里有许多触须在颤动。

“我盯着这个凶恶的怪物，它向我爬来，就在这个时候，我感到脸颊发痒，好像有只苍蝇落在了我的脸上。我用手把它拂掉，但过了一会儿，它又回来了，而且很快又有一只落在了我的耳边。我拍了一下，发现了一些线一样的东西。那东西迅速地脱出了我的手。我吓了一大跳，飞快地转过身，我刚才抓的竟是另一只怪物螃蟹的触角，那家伙就在我身后。它那邪恶的眼睛在前肢上动来动去，张着嘴巴，仿佛要吞掉一切，它那粗大笨拙的爪子上沾了一层海藻似的黏液，此刻，它的爪子正朝我伸来。我赶紧抓住操纵杆，又往前推进了一个月。但我还在这片海滩上，我一停下来就清楚地看见了它们。在昏暗的光线下，几十只这样的动物在绿色的植物之间爬来爬去。

“我无法确切描述出那里弥漫着的那种令人憎恶的荒凉感。东边的天空是红色的，北方的天空却是黑的，死海悄无声息，怪石嶙峋的海滩上爬满了慢吞吞的邪恶怪物，青苔一样的绿色植物看起来有毒，空气太稀薄，伤害了我的肺；所有这些都叫人毛骨悚然。我又往前走了一百年，看到的是同样的红日，只是更大一点，更暗淡一点。同样的死海，同样的凛冽空气，同样的一群土色甲壳类动物，在绿草和红色的岩石之间进进出出。在西边的天空中，我看到一条苍白的曲线，就像巨大的新月。

“于是我继续向前穿越，想要了解地球命运的谜团，我每隔一千年左右便停下来一次，心醉神迷地注视着太阳在西边的天空中变大、越来越暗淡，旧地球的生命也渐渐消逝了。最后，我去了三千多万年后，巨大炽热的太阳几乎遮住了近十分之一的黑暗天空。我再一次停下，众多爬行的螃蟹已经不见了，在红色的海滩上，除了灰绿色的青苔和地衣，似乎没有生命。现在沙滩上分布着白色的斑点。一阵严寒向我袭来。罕见的白色雪花不时旋转着落下。在东北方星光闪闪的黑色天空下，积雪反射着光线，我可以看到粉白色的山峰。海岸边结了很多冰，更远处有大块的浮冰；但是，在永恒的落日下，这片咸海的大部分区域都是血红色的，没有结冰。

“我环顾四周，想看看是否有动物。一种难以名状的忧虑折磨着我，我仍然坐在鞍座上不敢动。但是，无论是在地上、天空还是海里，我都没看到任何在动的东西。岩石上的绿色黏液证明生命并未灭绝。海中有一片浅浅的沙洲，海水从沙洲上退去。我好像看见一个黑色东西在岸上扑腾，但我仔细看，它却一动不动了。我断定是我眼花了，那个黑色的物体只不过是一块石头。天上的星星非常明亮，在我看来，它们几乎不闪烁。

“突然，我注意到太阳西边的圆形轮廓发生了变化，曲线上出现了一个凹点。我看到这个凹点逐渐变大。有那么一刻，我目瞪口呆地望着笼罩大地的黑暗，然后我意识到是出现日食了。要么是月亮要么是水星正从太阳和地球之间划过。一开始我以为是月亮，但有很多迹象显示我看到的其实是一颗内行星从离地球很近的地方划过。

“黑暗迅速地笼罩大地；一阵阵冷风从东边吹来，空中飘落的白色雪花越来越多。海边起了涟漪，飒飒的声音从那里传来。在这些没有生命的声音之外，世界一片寂静。寂静？这个词还不足以表达那种无声的状态。所有人类的声音，羊的叫声，鸟儿的鸣叫，昆虫的嗡嗡声，构成我们生活背景的各种声响，全都消失了。黑暗越来越浓，雪越下越大，雪花在我眼前飞舞；寒意愈加强烈。最后，远处的白色山峰一个接一个地飞快消失在黑暗中。风声呜咽。我看见月食的黑影向我压下来。过了一会儿，只能看见几颗暗淡的星星。其他的一切都隐没在黑暗中。天空一片漆黑。

“四周黑得伸手不见五指，我突然感到十分害怕。我全身冰冷，连呼吸也是疼的。我打了个寒战，感觉非常恶心。这时，太阳的边缘出现了，如同一张炽热的弓。我从机器上下来，希望能振作精神。可我头晕目眩，无法面对回程。我站在那里，不光恶心还很困惑。我又看到了浅滩上那个移动着的东西，不会有错，那东西就是在动，在红色海水的映衬下十分明显。那东西圆圆的，和足球差不多大，也许更大，长了很多触角；汹涌的海水是血红色的，它则是黑色的，而且时不时跳来跳去。一阵眩晕袭来，我害怕一个人无助地躺在这个遥远世界的可怕暮色下，于是连忙爬上了鞍座。”

第十二章

“就这样，我回来了。我在时间机器上一定昏迷了很长时间。日夜又开始交替了，太阳再次变成金黄色，天空恢复了蔚蓝。我的呼吸更畅快了。起伏的地势又一次出现。刻度盘上的指针在向后旋转。最后，我又看到了模模糊糊的房屋影子，可见我回到了人类衰败的时期。随后这些景象也改变消失了，大地又是另外一番模样。不久，随着百万日刻度归零，我的速度也慢了下来。我开始看到我们这个时代熟悉的小建筑，千日指针回到起点，日夜交替的节奏越来越慢。然后，实验室的旧墙又出现在我的周围。我轻轻地操作机器减速。

“我看到了一件很奇怪的小事。我想我已经告诉过你们，在我出发之际，我的速度还没有变得很快，瓦切特夫人穿过房间，在我看来，她就像火箭一样快。当我回来的时候，我又一次经历了她穿过实验室的那一刻。但现在，她的每一个动作都与她以前的动作完全相反。楼下的门开了，她背朝前走过实验室，消失在她先前进来的门后。就在那之前，我似乎看到了希尔莱，但他就像闪电一样闪过。

“然后我停下机器，又看到了我熟悉的实验室和里面的各种工具，一切都还是我离开时的样子。我摇摇晃晃地下了时间机器，在长凳上坐了下来。我剧烈地颤抖了好几分钟。然后，我平静了下来。我又回到了我从前的实验室，这里和以前一模一样。我可能只是在这里睡了一觉，整件事只是我的一个梦。

“可是，绝对不是这样的！出发的时候，时间机器是在实验室的东南角，它现在却停在了西北角，靠在你们看到它所在的那面墙边。而这就是从我抵达的小草坪到白色狮身人面像底座之间的距离，莫洛克人就是把我的机器搬到了那里。

“有一段时间，我的大脑里一片空白。过了一会儿，我站起来，一瘸一拐地穿过走廊，我的脚跟还在痛，浑身都很脏。我看见门边的桌上放着《蓓尔美街报》，日期是今天。我看了看表，发现快八点了。我听到了你们的声音和盘子的碰撞声。我犹豫了，我不仅恶心，还很虚弱。然后，我闻到了肉的香气，于是我打开门看到了你们。剩下的事你们都知道了。我洗了澡，吃了饭，现在给你们讲这个故事。”

“我知道。”他停了一会儿说，“这一切对你们来说确实不可思议。对我来说，最不可思议的是，我今晚竟然在这个熟悉的房间里，看着你们友好的面孔，告诉你们这些奇怪的经历。”

他看着医生：“不。我不会指望你相信。就当我是在撒谎吧，或者当我是在说一个预言。就说那只是我在实验室里的一个梦好了。你们也可以认为我一直在思索人类的命运，就编出了这么一个故事。你们还可以把我说的真相当成艺术，这样你们能更感兴趣。就当个故事听吧，你们有什么看法？”

他拿起烟斗，像往常一样紧张地在炉栅栏杆上敲了敲。房间里鸦雀无声。然后，椅子开始吱吱作响，鞋子在地毯上蹭来蹭去。我把目光从时间旅行者的脸上移开，环视着他的听众。他们都在黑暗中抽着烟，香烟的火光在他们面前闪亮。医生似乎在全神贯注地注视着主人家。编辑正狠狠地盯着他那支雪茄的末端，这已经是他抽的第六支了。记者摆弄着他的手表。我记得其他人都一动不动。

编辑叹口气，站了起来。“你不去写小说，真是太遗憾了！”他把手放在时间旅行者的肩膀上说。

“你不相信？”

“这个嘛……”

“你的确不相信。”

时间旅行者转向我们。“火柴在哪儿？”他说，他点着烟斗，一边抽一边说话，“说实话……我自己都不相信。……可是……”

他默默地注视着小桌上的枯萎白花。然后，他把拿烟斗的手翻过来，注视着他指关节上一些已经开始愈合的疤痕。

医生站起来，走到灯前，检查了那些花。“这些雌蕊群很奇怪。”他说。心理学家探身向前查看，还伸手拿了一朵。

“差一刻钟一点了。”记者说，“我们该怎么回去？”

“车站多的是出租车。”心理学家说。

“真是太奇怪了。”医生道，“但我搞不懂这些花的自然顺序。能送给我吗？”

时间旅行者犹豫了。然后，他突然说："当然不能。"

"你从哪儿弄来的？"医生说。时间旅行者把手放在他的头上。他说话的口气就像一个人在试图抓住一个他抓不住的念头。"我穿越时间的时候，薇娜把它们放进了我的口袋。"他环视房间，"如果一切都是假的，我真要疯啦！这个房间、你们，以及日常生活的气氛，让我的记忆变得模模糊糊。我有没有制造过时间机器，或者说我有没有制造过时间机器的模型？还是这一切仅仅是一场梦？人们常说生活如梦，有时是一场宝贵的梦，但我不能再忍受一个不适合我的梦了。太疯狂了。怎么会有这个梦？……我必须去看看那台机器，看看它是不是真的存在！"

他敏捷地拿起灯，穿过大门进入走廊。我们跟着他。在闪烁的灯光下，那台机器实实在在就在那里，歪歪斜斜，样子很丑，由黄铜、乌木、象牙和闪闪发光的半透明石英组成。我伸手摸了摸它的栏杆，感觉很结实，象牙上沾着棕色的污点，机器下部有草和青苔，一根栏杆弯了。

时间旅行者把灯放在长凳上，抚摸着损坏的栏杆。"现在没事了。"他说，"我给你们讲的故事是真的。这里太冷了，很抱歉带你们过来。”

他拿起灯，我们默不作声地回到了吸烟室。

他送我们到大厅，还帮编辑穿上大衣。医生看了看他的脸，犹豫了一下，但还是提醒他不要过度劳累，他听了，大笑起来。我记得他站在敞开的门口，大声道晚安。

我和编辑共乘一辆出租马车。他认为这个故事是“华而不实的谎言”。我却无法得出结论。这个故事实在是太不可思议了，可讲述的人又是如此可信和清醒。我整夜躺在床上，琢磨着这件事。我决定第二天再去见见时间旅行者。我得知他在实验室，因为我在他家混熟了，便自行上楼找他。然而，实验室里空无一人。我盯着时间机器看了一会儿，摸了摸操纵杆。结果那一大堆东西马上像被风吹动的树枝一样摇晃起来。见这机器如此不稳定，我大吃一惊，而且，说来也怪，我竟然想起了小时候大人不让我乱摸东西时的情形。我从走廊走回来，在吸烟室见到了时间旅行者。他是从房子里出来的。他一只胳膊下夹着一架小照相机，另一只胳膊下夹着一个背包。他一看见我就笑起来，用胳膊肘推了我一下。“我忙得要命。”他说，“有那东西在，我就别想闲着。”

“这难道不是一场骗局吗？”我说，“你真的穿越了时间？”

“千真万确。”他坦率地看着我的眼睛。他犹豫了。他的眼睛在房间里转来转去。“我还需要忙半个小时。”他说，“我明白你的来意，你真是太好了。这里有一些杂志。我这次去时间旅行会带回来标本，如果你能留下来吃午饭，我就证明给你看。我现在要去忙了，可以吗？”

我同意了，当时我还不大明白他的话的全部含义，他点了点头，沿走廊走了。我听见实验室的门砰一声关上，我坐在椅子上，拿起一张日报。午饭前他打算做什么？我看到一则广告，突然想起我答应两点钟去见出版商理查森。我看了看我的表，发现要迟到了。于是，我赶紧穿过走廊，去告诉时间旅行者我得先走一步。

就在我抓住门把手的时候，我听到了一声惊叫，奇怪的是，这个叫声突然戛然而止，紧跟着传来了砰砰的声音。我打开门，一阵风迎面扑来，从里面传来碎玻璃掉在地上的声音。时间旅行者不在屋内。我仿佛看见一个幽灵似的模糊人影，那个人就坐在一团黑色和黄铜色的旋涡中，人影是透明的，我甚至能看到它后面长凳上的一张张图纸；但我才揉了揉眼，那个人影就消失了。时间机器不见了。实验室的另一端空无一物，只有尘土在缓慢落下。一扇天窗被风吹开了。

我诧异到了极点。我知道发生了一件怪事，一时还分不清那件怪事是什么。我站在那儿盯着眼前的一切，通向花园的门开了，男仆人走了进来。

我们面面相觑。然后，各种念头一股脑儿涌进了我的脑海。“你家主人到那边去了吗？”我说。

“没有，先生。没人从门里出来。我还以为他在实验室。”

听了这话，我恍然大悟。我也不顾上理查森会不会失望，坚持留了下来，等待时间旅行者归来，等待着第二个也许更奇怪的故事，以及他会带回来的标本和照片。但我现在开始担心，我可能要等上一辈子。时间旅行者已经失踪三年了。大家都知道，他到现在也没有回来。

后记

对于穿越时间这事儿，人们别无选择，只能大声称奇。他还会回来吗？他可能回了过去，落入了旧石器时代茹毛饮血、毛发蓬乱的野蛮人中间；或是被困在了白垩纪的深海里；他也可能去了侏罗纪时期，遇到了怪异的蜥蜴和巨大的爬行动物。他现在（如果可以用这个词的话）可能正在某个蛇颈龙出没的鲕粒岩珊瑚礁上漫步，或者孤独地行走于三叠纪的盐湖旁。他或许去了未来，进入了一个更近的时代，在那个时代里，人还是人，但那时我们这个时代的谜题得到了解答，令人厌烦的问题得到了解决。他也许进入了人类的成熟期，就我个人而言，我认为当今时代那些没有说服力的实验、支离破碎的理论和相互矛盾的状态，根本不是人类的顶峰！当然，这只是我自己的看法。我知道，时间旅行者对人类的进步一直持悲观态度，我之所以知道他的想法，是因为早在他制造出时间机器之前，我们就经常讨论这个问题。他认为文明不过是愚蠢的累积，最终必将分崩离析，连文明的制造者一同毁灭。就算他说的是真的，我们还得照样生活，权当没有这回事。但对我来说，未来仍然是黑暗的，一片空白，是一个巨大的未知数，而他的故事只不过触及了几个点而已。值得安慰的是，我身边还有两朵奇怪的白花，它们枯萎了，变成了棕色，又扁又平，还很脆，但它们可以证明，即使思想和力量都已枯萎，人类仍然懂得感恩，仍然心怀温情。

（全文完）

威尔斯生平

帕特里克·帕林德[1]

1866年9月21日，赫伯特·乔治·威尔斯出生在英国肯特郡布罗姆利镇，这个小集镇即将在郊区发展中并入伦敦。父亲约瑟夫·威尔斯原先是名园丁，还是郡板球队队员，以快速投球技巧出名。约瑟夫在布罗姆利商业街经营一间小店，出售瓷器和板球拍。小店叫“阿特拉斯屋”，店名虽然气派，不过一家人的生活起居却挤在店面下狭窄的地下厨房。几年后，约瑟夫不幸摔断了腿，因而告别了板球生涯，一家人衣食无着。

1 帕特里克·帕林德（1944—），英国雷丁大学教授、英国文学研究者，在科幻小说研究领域颇有建树。主编了牛津英语小说史及威尔斯企鹅经典系列。本篇序言译自英国企鹅经典《莫罗博士岛》（*The Island of Dr. Moreau*，2005）导读。

“伯蒂”·威尔斯[1]自幼聪敏好学，但13岁那年，一家被迫分离，他也不得不自谋生路。父亲生意破产；母亲婚前曾在萨塞克斯郡阿帕克庄园[2]做侍女，这时搬回庄园当管家。威尔斯被迫辍学，和两个哥哥一样做布商学徒。他后来又当过小学教师、药铺伙计，但都做不长久。1881年，他到南海城[3]的一间百货商店再次当起布商学徒，每天劳作13小时，住在学徒宿舍。这是威尔斯一生中最苦涩的岁月，但日后他据此创作了幽默小说《奇普》（1905）和《波利先生之历史》（1910），并让奇普和波利成功摆脱了服劳役般的布商学徒命运。1883年，常年操劳的母亲帮他解除了学徒契约，他在庄园附近的米德赫斯特文法学校谋得了助教的工作。威尔斯耽搁已久的学业突飞猛进。他顺利通过了一系列科学课程考试，获得政府奖学金，于1884年9月进入位于南肯辛顿的科学师范学校（后并入帝国理工学院）。

从威尔斯的许多作品可以看出，他有教书的天赋，同时他

1 H. G. 威尔斯的昵称。

2 阿帕克庄园，建于17世纪，现为英国一级保护建筑，属国民信托资产。——译者注

3 英国滨海度假区，位于汉普郡普利茅斯。——译者注

也是个勤奋积极的学生。他非常幸运，教授生物和动物学的老师正是维多利亚时代大名鼎鼎的科学思想家、达尔文的好友兼追随者T. H. 赫胥黎[1]。赫胥黎的教导令威尔斯终生难忘，但其他教员讲课枯燥乏味，使他很快失去了学习兴趣。他勉强通过了第二年的物理考试，但第三年的地质学成绩不及格，1887年毕业时没有取得学位。自然科学的理论和想象空间令威尔斯兴奋不已，但他不耐烦实际操作细节和实验室里日复一日的苦工。他经常逃课，时间都用来阅读文学和历史；他早年曾在阿帕克庄园乏人问津的图书室博览群书，如今终于得以再次满足自己的求知欲。他创办了一份名为《科学学派杂志》的校刊，并在学生辩论赛中宣传社会主义。

1887年夏，威尔斯在北威尔士的一所私立小学当科学教员，但几个星期之后，他在足球场上被学生撞倒。三年来，节衣缩食的学生生活使他身体虚弱、营养不良，这次意外导致他肾脏和肺部严重受损。他返回阿帕克庄园休养了几个月，之后又到位于伦敦基尔伯恩地区的亨里之家小学[2]当科学教员。

---

1 托马斯·亨利·赫胥黎（1825—1895），著有《天演论》。

2 亨里之家小学，由作家A.A.米尔恩的父亲开办。——译者注

1890年，威尔斯获得伦敦大学理学学士学位，其中动物学成绩为甲等，之后他就留在大学函授学院担任生物学导师。1891年，他和堂姐伊莎贝尔·威尔斯结了婚，但两人并没有多少共同语言。婚后不久，威尔斯就爱上了自己的学生艾米·凯瑟琳·罗宾斯（“简”）。1893年，威尔斯和简开始同居；两年之后，他得以同伊莎贝尔离婚，并同简结了婚。

在担任生物学导师的几年里，威尔斯逐渐走上作家兼记者的道路。他为《教育时报》写稿，主编《大学通讯员》；1891年，他的哲学随笔《单一性的重新发现》发表在享有盛誉的《双周评论》上。他出了第一本书《生物学读本》（1893）。这本书出版后不久，威尔斯再次病倒了，不得不终止教学生涯。稿费成了他唯一的收入来源，他的前途似乎风雨飘摇，但没过多久，他的短篇小说和幽默散文就变得炙手可热，当时蓬勃发展的报纸杂志约稿不断。他做了书评家；1895年，他还当过一段时间剧评家。

从学生时代起，威尔斯就在断断续续地撰写关于时间旅行和人类未来的小说。这个故事最初的版本发表在《科学学派杂志》上，名为《时间中的阿尔戈众英雄》；如今，经过无数次修改，又得益于诗人、编辑W.E.亨里[1]的鼓励，《时间机器》（1895）问世了。作品大获成功，在杂志连载时，威尔斯就被誉为“天才”。普遍认为他开创了“科学传奇”体裁，故事融合冒险小说和哲理故事的特点，主人公因为突如其来的科学发展而历经生死。彼时，威尔斯的小说万众瞩目，他接连创作了《莫罗博士岛》（1896）、《隐形人》（1897）、《世界大战》（1898）、《当沉睡者醒来》（1899）、《最早登上月球的人》（1901）等作品。

20世纪伊始，威尔斯已经成为享誉英美的作家，作品也迅速被翻译成法、德、西、俄等欧洲语言。他的声望盖过了科学传奇体裁的前辈——法国作家儒勒·凡尔纳；从19世纪60年代以来，凡尔纳一直在这一领域独领风骚。尽管如此，威尔斯越发意识到艺术家的自我价值，他不甘和凡尔纳一样，仅仅是后世读者眼中的少年冒险小说家。他有更大的抱负。威尔斯的第一本现实主义小说《爱情和鲁雅轩》（1900）笔调诙谐，显然取材于他求学和教书的经历。爱德华七世在位的十年

1 W. E. 亨里（1849—1903），写有诗歌名篇《永不屈服》（*Invictus*）。——译者注

间（1901—1910），威尔斯创作了《托诺-邦盖》（1909）和《新马基雅弗利》（1911）等“英国状况”[1]小说。他已成为当时最负盛名的小说家，同阿诺德·本涅特、约瑟夫·康拉德、福特·马多克斯·福特、亨利·詹姆斯等大家齐名，关系亦敌亦友。

威尔斯并不信奉“为艺术而艺术”。他属于预言型作家，通过作品传达社会和政治思想。他第一部重要的非虚构作品《预想》（1902）是一本未来学随笔集，探讨20世纪科技发展带来的影响。这本书也使他结识了费边社的成员，走上了时政记者之路，并为宣传英国左翼思想发挥了举足轻重的作用。作为费边社一员，威尔斯出版了《现代乌托邦》（1905），但他未能动摇萧伯纳（两人始终是亦敌亦友的关系）、比阿特丽丝·韦伯[2]等领导人物的官僚主义、改良主义观念。威尔斯在爱德华时代创作了《神食》（1904）、《大空战》（1908）等科学传奇，语调幽默，但初衷在于宣传其政治理念。这期间，他在其他“未来战争”题材的作品中预言了坦克和原子弹。

1 该词由作家托马斯·卡莱尔提出，关注工业革命时期的工人阶级现状。——译者注

2 比阿特丽丝·韦伯（1858—1943），社会活动家，费边社创始人之一。——译者注

写作生涯的成功也使威尔斯的私人生活发生了巨变。1898年，身体原因迫使他离开伦敦，搬到肯特郡海边休养。足球场的那次意外使他在晚年罹患糖尿病。他请建筑家沃伊奇[1]在桑盖特村设计了“黑桃屋”，可以俯瞰英吉利海峡。在这里，他和简的两个儿子出生了：长子乔治·菲利普“乔普”日后成了动物学教授，并同父亲以及朱利安·赫胥黎[2]共同编写了生物百科全书《生命之科学》（1930）；次子弗兰克日后从事电影行业的工作。对于父母以及同样逃离布料生意的长兄，威尔斯给予了慷慨的帮助。同时，他又不断在家庭之外寻找情感上的满足，几段婚外情也传得沸沸扬扬。1909年，威尔斯和费边社的重要成员、年轻的经济学家安布尔·里夫斯育有一女；1914年，小说家、批评家丽贝卡·韦斯特[3]同他育有一子，取名安东尼·韦斯特。安东尼在小说《遗产》（1955）和父亲的传记中都提到了自己不快乐的童年。

1　C. F. A. 沃伊奇（1857—1941），其设计标志是在门上包含心形图案，威尔斯要求改成黑桃。——译者注

2　朱利安·赫胥黎（1887—1975），生物学家，T.H.赫胥黎的孙子。——译者注

3　安布尔·里夫斯（1887—1981），女性主义作家、学者。丽贝卡·韦斯特（1892—1983），作家、记者。——译者注

威尔斯的私生活成了伦敦文学界的八卦，他作为小说家、时政记者或者预言家的身份也日渐冲突。《安·维罗妮卡》（1909）就是一部备受争议的时事小说，书中对女性权利、性别平等、当代道德等种种话题加以渲染和讨论。这是威尔斯创作的第一本“话题小说”，内容取材于个人情感生活，往往不加掩饰。威尔斯后期创作的虚构作品形式多样，不过都可以归为“阐述思想的小说”这一大类。纪实性的，有《布里特灵先生看得明明白白》（1916），该书记述了一战中英国大后方的生活，至今仍然弥足珍贵、独一无二。荒诞不经的，则有《不熄之火》（1919）、《槌球手》（1936）等讽喻故事，都是以预言式对话的形式影射世界事件的政治寓言。

威尔斯不同于年青一代的实验派作家詹姆斯·乔伊斯和弗吉尼亚·伍尔夫，但在写作技巧上也经常有所创新。在一些作品中，虚构和纪实之间的界限变得十分模糊。威尔斯有时以前现代时期的经典著作为范本，例如《现代乌托邦》（1905）就脱胎于托马斯·摩尔的《乌托邦》和柏拉图的《理想国》。他在两部畅销历史著作《世界史纲》（1920）和《世界简史》（1922）中突破传统，着眼历史的下一阶段。威尔斯创作这些作品的目的是要从一战中吸取教训，使杀戮不再重演；他将历史视为“教育同灾难之间的竞赛”。他怀着这种忧虑创作了未来史小说《未来互联网纾》（1933）。1936年，该书改编成科幻史诗电影《笃定发生》，由亚历山大·柯达担任制片。小说和电影都警示二战必将爆发，并导致生灵涂炭。

到了20世纪20年代，威尔斯不仅是一位知名作家，而且成了当时的公众人物，几乎总能在报纸上读到他的名字。1918年，他为宣传部工作了一段时间，其间撰写了一份作战目标纪要，预见了国际联盟的创立。1922年和1923年，他以工党候选人的身份参选议员。他向各国领导人游说，包括美国总统西奥多·罗斯福和富兰克林·罗斯福。1920年，他前往克里姆林宫同列宁会晤；1934年，他受到斯大林的接见；消息传遍了世界各地。英国广播公司的广播中时常传来他尖厉的声音。1933年，他当选为国际笔会会长，呼吁思想自由。同年，柏林的纳粹分子公然烧毁他的著作；意大利法西斯政权禁止他入境。两次世界大战之间主张欧洲团结统一的国际泛欧联盟[1]深受威尔

1　国际泛欧联盟，最早主张欧洲统一运动（或称泛欧运动）的组织。——译者注

斯思想的影响。

威尔斯此时深信，人类要避免自我毁灭，唯一的办法就是世界大同。他在《公开的阴谋论》（1928）等作品中概述了世界公民和世界政府理论。第二次世界大战一触即发，威尔斯自认未能完成使命，世人对他的警告置若罔闻。他用最后的力量在国际上为人权大声疾呼。《人的权利》（1940）由“企鹅特刊”丛书出版，为1948年联合国通过的《人权宣言》奠定了基础。二战期间，威尔斯在摄政公园汉诺威台的居所度过；1943年，伦敦大学授予他文学博士学位。威尔斯的最后一部作品《穷途末路的心灵》（1945）弥漫着悲观绝望的情绪，其中对人类未来的描写甚至比50年前的《时间机器》还要暗淡。1946年8月13日，威尔斯在汉诺威台与世长辞。这位预言家没有安享晚年，而是一直孜孜不倦，永远对自我、对人类不满。在他去世的三年前，他曾写下一篇匪夷所思的“生前讣告”，其中写道：“总有一天，我要写一本书，一本真正的书。”威尔斯一生共创作了50余部小说，约150部其他作品。

（王林园　译）

欢迎您从《时间机器》走进
读客三个圈经典文库

亲爱的读者，感谢您选择读客三个圈经典文库。

我们的封面统一使用“三个圈”的设计，读者可以凭借封面上形式各异的“三个圈”找到我们，走进经典的世界。

你想成为什么样的人？

对你来说什么是重要的？

这个世界应该是什么样子？

我们在生命中遇到的这些问题，或许可以在浩如烟海的文学经典中找到答案。

跟随读客三个圈经典文库，认识世界、塑造自我，成为更好的人！

《漫长的告别》

《西西弗神话》

《人间失格》

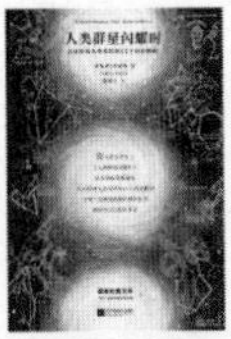

《人类群星闪耀时》

《鼠疫》

《小王子三部曲》

《局外人》

《月亮与六便士》

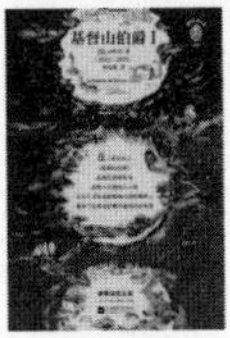

《基督山伯爵》

《罗生门》

读客三个圈经典文库

精神成长树

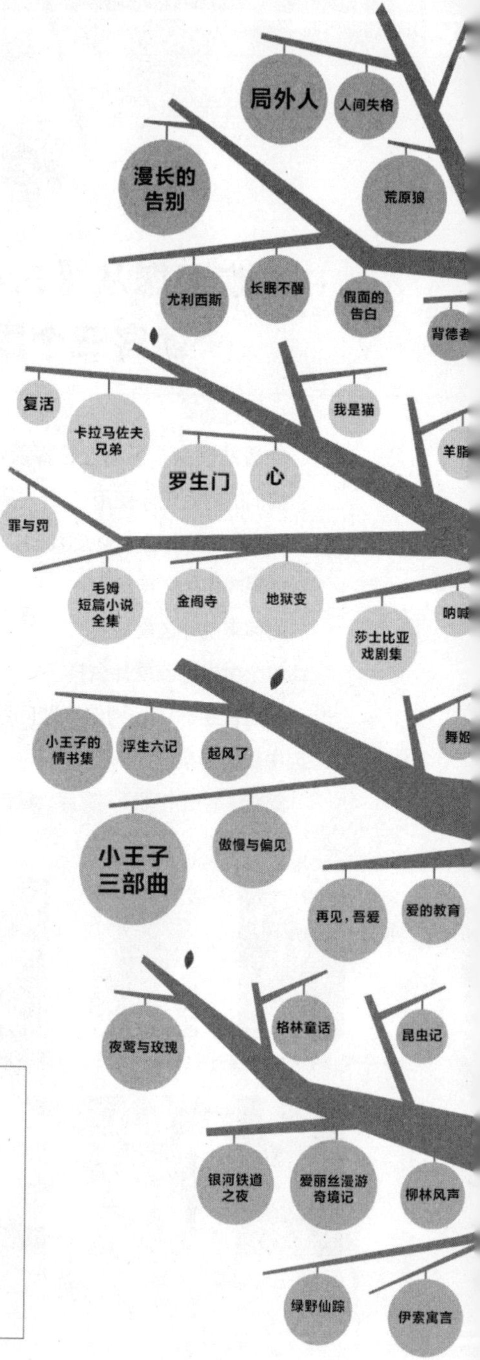

你想成为什么样的人？
对你来说什么是重要的？
这个世界应该是什么样子？

我们在生命中遇到的问题，每个时空的人都经历过，一些伟大的人留下一些伟大作品，流传下来，就成了经典。正是这些经典，共同塑造并丰富着人类的精神世界。

我们重新梳理了浩若烟海的文学经典，为您制作了精神成长树。跟随读客三个圈经典文库，汲取大师与巨匠淬炼的精神力量，完成你自己的精神成长！

树干：

不同的精神成长主题，您可以挑选任意感兴趣的主题进行深入阅读

例如：
寻找人生意义
探索自己的内心
拥有强大意志力
理解复杂的人性
…………

枝丫上的果实：

我们为您精选的经典文学作品

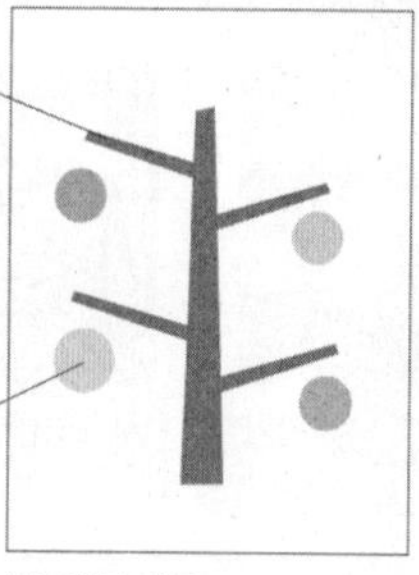

精神成长树示意图

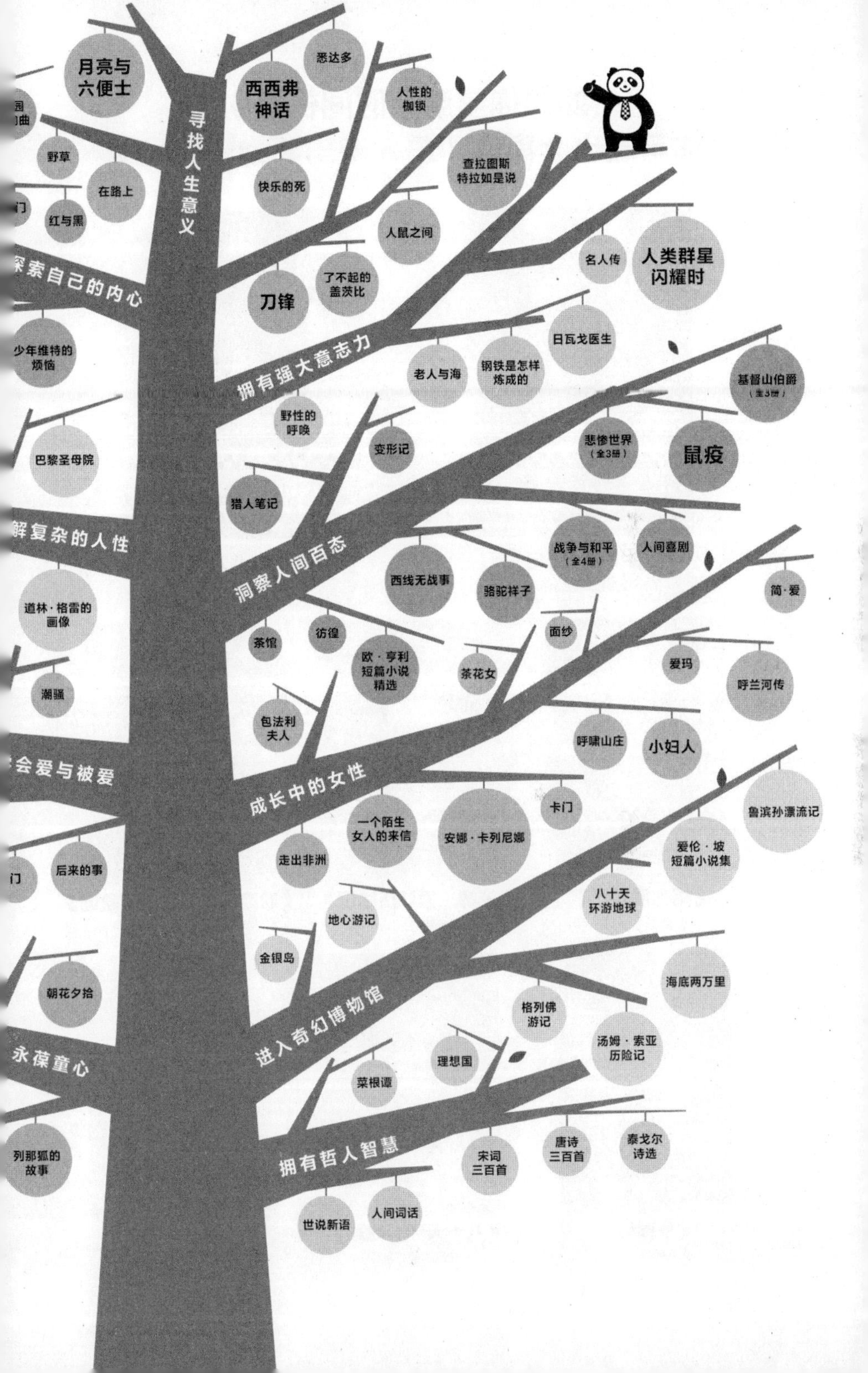

寻找人生意义
月亮与六便士
西西弗神话
悉达多
人性的枷锁
查拉图斯特拉如是说
快乐的死
人鼠之间
野草
在路上
红与黑
探索自己的内心
名人传
人类群星闪耀时
了不起的盖茨比
刀锋
少年维特的烦恼
拥有强大意志力
日瓦戈医生
老人与海
钢铁是怎样炼成的
野性的呼唤
变形记
基督山伯爵（全3册）
悲惨世界（全3册）
鼠疫
巴黎圣母院
猎人笔记
解复杂的人性
洞察人间百态
战争与和平（全4册）
人间喜剧
西线无战事
骆驼祥子
道林·格雷的画像
简·爱
茶馆
彷徨
欧·亨利短篇小说精选
面纱
茶花女
爱玛
呼兰河传
潮骚
包法利夫人
呼啸山庄
小妇人
会爱与被爱
成长中的女性
一个陌生女人的来信
安娜·卡列尼娜
卡门
鲁滨孙漂流记
走出非洲
后来的事
爱伦·坡短篇小说集
八十天环游地球
地心游记
金银岛
朝花夕拾
进入奇幻博物馆
海底两万里
格列佛游记
永葆童心
理想国
汤姆·索亚历险记
菜根谭
拥有哲人智慧
宋词三百首
唐诗三百首
泰戈尔诗选
列那狐的故事
世说新语
人间词话

如果你喜欢《时间机器》
你可能也会喜欢“进入奇幻博物馆”书单

《鲁滨孙漂流记》

文库编号：045

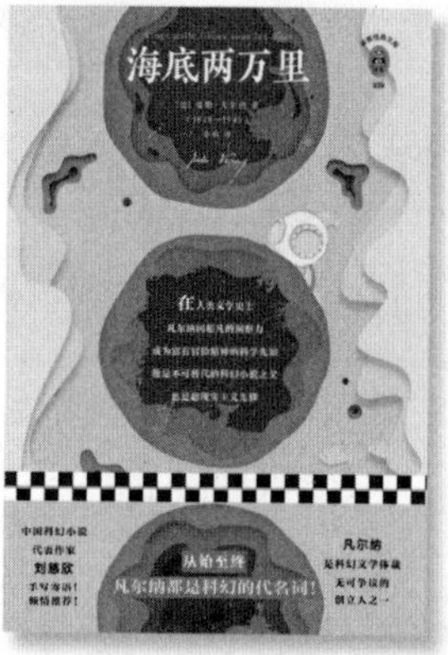

《海底两万里》

文库编号：029

《格列佛游记》

文库编号：046

《汤姆·索亚历险记》

文库编号：051

《哈克贝利·费恩历险记》

文库编号：052

《金银岛》

文库编号：020

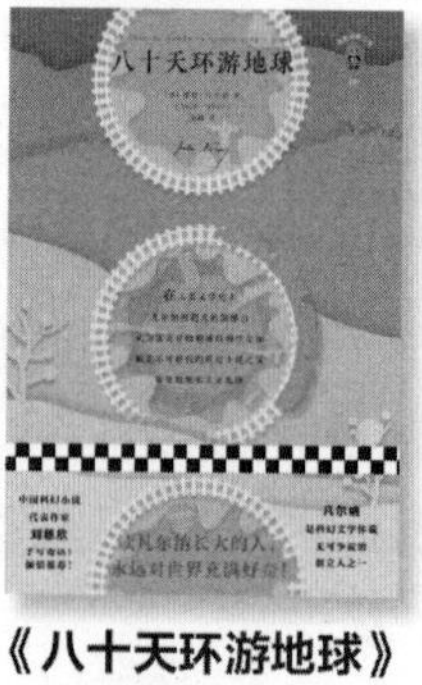

《八十天环游地球》

文库编号：091

《地心游记》

文库编号：087

图书在版编目（CIP）数据

时间机器 /（英）H. G. 威尔斯著；刘勇军译. --
海口：海南出版社，2020. 1（2022.8重印）
（读客经典文库）
书名原文: The Time Machine
ISBN 978-7-5443-9148-1

I.①时… I.①H… ②刘… II.①幻想小说-英国
-现代 IV. OI561. 45

中国版本图书馆CIP数据核字（2019）第280898号

时间机器

SHIJIAN JIQI

作　　者　（英）H. G. 威尔斯
译　　者　刘勇军
责任编辑　白　多
执行编辑　徐雁晖
特邀编辑　宋如月　张楚悦　张尊瑜　李亚茹
封面插画　刘小梅
封面设计　读客文化　021-33608311
印刷装订　嘉业印刷（天津）有限公司
策　　划　读客文化
版　　权　读客文化
出版发行　海南出版社
地　　址　海口市金盘开发区建设三横路2号
邮　　编　570216
编辑电话　0898-66817036
网　　址　http://www.hncbs.cn
开　　本　890毫米 × 1270毫米　1/32
印　　张　5
字　　数　63千
版　　次　2020年1月第1版
印　　次　2022年8月第2次印刷
书　　号　ISBN 978-7-5443-9148-1
定　　价　22.90元